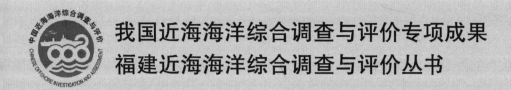

我国近海海洋综合调查与评价专项成果

福建近海海洋综合调查与评价丛书

Typical Islands Ecosystem
Assessment of Fujian Province

福建典型
海岛生态系统评价

胡灯进　杨顺良　涂振顺◎著

U0302948

科学出版社

北 京

内 容 简 介

海岛是海洋国土的重要组成部分，具有巨大的社会、经济、政治和军事价值，是我国第二海洋经济区的重要依托。但是，大多数海岛远离大陆，地貌类型简单，生物种群相对孤立，自然灾害频繁，生态环境较为脆弱。开展海岛生态系统评价对我们认识海岛、保护海岛、促进海岛地区可持续发展具有重要意义。本书尝试构建海岛生态系统评价指标体系和评价方法，并选取福建典型海岛进行生态系统评价实践，为海岛生态系统研究提供借鉴和参考。

本书可供海洋、资源、环境、生态等专业的研究人员、管理人员及大专院校学生参考。

图书在版编目（CIP）数据

福建典型海岛生态系统评价／胡灯进，杨顺良，涂振顺著 . —北京：科学出版社，2014

（福建近海海洋综合调查与评价丛书）

ISBN 978-7-03-039747-8

Ⅰ . ①福…　Ⅱ . ①胡…　②杨…　③涂…　Ⅲ . 　①岛–环境生态评价–福建省　Ⅳ . ①X321.257

中国版本图书馆 CIP 数据核字（2014）第 024573 号

丛书策划：胡升华　侯俊琳

责任编辑：石　卉　程　凤／责任校对：郑金红
责任印制：徐晓晨　／封面设计：铭轩堂
编辑部电话：010-64035853
E-mail：houjunlin@ mail. sciencep. com

科 学 出 版 社 出版
北京东黄城根北街 16 号
邮政编码：100717
http://www.sciencep.com

北京厚诚则铭印刷科技有限公司 印刷
科学出版社发行　各地新华书店经销

*

2014 年 4 月第 一 版　开本：787×1092　1/16
2018 年 5 月第三次印刷　印张：9 3/4
字数：234 000
定价：78.00 元
（如有印装质量问题，我社负责调换）

福建省近海海洋综合调查与评价项目（908 专项）组织机构

专项领导小组*

组　　长　张志南（常务副省长）

历任组长　（按分管时间排序）

　　　　　刘德章（常务副省长，2005～2007 年）

　　　　　张昌平（常务副省长，2007～2011 年）

　　　　　倪岳峰（副省长，2011～2012 年）

副 组 长　吴南翔　王星云

历任副组长　刘修德　蒋谟祥　刘　明　张国胜　张福寿

成员单位　省发展和改革委员会、省经济贸易委员会、省教育厅、省科学技术厅、省公安厅、省财政厅、省国土资源厅、省交通厅、省水利厅、省环保厅、省海洋与渔业厅、省旅游局、省气象局、省政府发展研究中心、省军区、省边防总队

专项工作协调指导组

组　　长　吴南翔

历任组长　张国胜（2005～2006 年）　　刘修德（2006～2012 年）

副 组 长　黄世峰

成　　员　李　涛　李钢生　叶剑平　钟　声　吴奋武

历任成员　陈苏丽　周　萍　张国煌　梁火明　卢振忠

专项领导小组办公室

主　　任　钟　声

历任主任　叶剑平（2005～2007 年）

---

　　* 福建省海洋开发管理领导小组为省 908 专项领导机构。如无特别说明，排名不分先后，余同。

常务副主任 柯淑云

历任常务副主任 李 涛（2005~2006年）

成 员 许 斌 高 欣 陈凤霖 宋全理 张俊安（2005~2010年）

专项专家组

组 长 洪华生

副 组 长 蔡 锋

成 员（按姓氏笔划排序）

刘 建 刘容子 关瑞章 阮五崎 李培英 李 炎 杨圣云 杨顺良
陈 坚 余金田 杜 琦 林秀萱 林英厦 周秋麟 梁红星 曾从盛
简灿良 暨卫东 潘伟然

任务承担单位

省内单位 国家海洋局第三海洋研究所，福建海洋研究所，厦门大学，福建师范大学，集美大学，福建省水产研究所，福建省海洋预报台，福建省政府发展研究中心，福建省海洋环境监测中心，国家海洋局闽东海洋环境监测中心，厦门海洋环境监测中心，福建省档案馆，沿海设区市、县（市、区）海洋与渔业局、统计局

省外单位 国家海洋局第一海洋研究所、中国海洋大学、长江下游水文水资源勘测局

各专项课题主要负责人

郭小刚 暨卫东 唐森铭 林光纪 潘伟然 蔡 锋 杨顺良 陈 坚
杨燕明 罗美雪 林 忠 林海华 熊学军 鲍献文 李奶姜 王 华
许金电 汪卫国 吴耀建 李荣冠 杨圣云 张 帆 赵东坡 方民杰
戴天元 郑耀星 郑国富 颜尤明 胡 毅 张数忠 林 辉 蔡良侯
张澄茂 陈明茹 孙 琪 王金坑 林元烧 许德伟 王海燕 胡灯进
徐永航 赵 彬 周秋麟 陈 尚 张雅芝 莫好容 李 晓 雷 刚

《福建典型海岛生态系统评价》

专项研究组

组　　长　胡灯进

成　　员（按汉语拼音排序）

姬厚德　姜　峰　吝　涛　罗美雪　任岳森　涂振顺　魏姗姗　翁宇斌

肖佳媚　杨　璐　杨顺良　张加晋　赵东波　朱小明

编写组

组　　长　胡灯进

成　　员（按汉语拼音排序）

姜　峰　任岳森（制图）　涂振顺　魏姗姗　杨顺良

丛书序 PREFACE

2003 年 9 月，为全面贯彻落实中共中央、国务院关于海洋发展的战略决策，摸清我国近海海洋家底及其变化趋势，科学评价其承载力，为制定海洋管理、保护、开发的政策提供基础依据，国家海洋局部署开展我国近海海洋综合调查与评价（简称"908 专项"）。

福建省 908 专项是国家 908 专项的重要组成部分。在国家海洋局的精心指导下，福建省海洋与渔业厅认真组织实施，经过各级、各有关部门，特别是相关海洋科研单位历经 8 年的不懈努力，终于完成了任务，将福建省 908 专项打造成为精品工程、放心工程。福建是我国海洋大省，在 13.6 万千米² 的广阔海域上，2214 座大小岛屿星罗棋布；拥有 3752 千米漫长的大陆海岸线，岸线曲折率 1：7，居全国首位；分布着 125 个大小海湾。丰富的海洋资源为福建海洋经济的发展奠定了坚实的物质基础。

但是，随着海洋经济的快速发展，福建近海资源和生态环境也发生了巨大的变化，给海洋带来严重的资源和环境压力。因此，实施 908 专项，对福建海岛、海岸带和近海环境开展翔实的调查和综合评价，对解决日益增长的用海需求和海洋空间资源有限性的矛盾，促进规划用海、集约用海、生态用海、科技用海、依法用海，规范科学管理海洋，推动海洋经济持续、健康发展，具有十分重要和深远的意义。

福建是908专项任务设置最多的省份，共设置60个子项目。其中，国家统一部署的有五大调查、两个评价、"数字海洋"省级节点建设和7个成果集成等15项任务。除此之外，福建根据本省管理需要，增加了13个重点海湾容量调查、海湾数模与环境研究、近海海洋生物苗种、港航、旅游等资源调查，有关资源、环境、灾害和海洋开发战略等综合评价项目，以及《福建海湾志》等成果集成，共45项增设任务。

在福建实施908专项过程中，包括省内外海洋科研院所、省直相关部门、沿海各级海洋行政主管部门和统计部门在内的近百个部门和单位，累计3000多人参与了专项工作，外业调查出动的船只达上千船次。经过8年的辛勤劳动，福建省908专项取得了丰硕成果，获取了海量可靠、实时、连续、大范围、高精度的海洋基础信息数据，基本摸清了福建近海和港湾的海洋环境资源家底，不仅全面完成了国家海洋局下达的任务，而且按时完成了具有福建地方特色的调查和评价项目，实现了预期目标。

本着"边调查、边评价、边出成果、边应用"的原则，福建及时将908专项调查评价成果应用到海峡西岸经济区建设的实践中，使其在海洋资源合理开发与保护、海洋综合管理、海洋防灾减灾、海洋科学研究、海洋政策法规制定等领域发挥了积极作用，充分体现了福建省908专项工作成果的生命力。

为了系统总结福建省908专项工作的宝贵经验，充分利用专项工作所取得的成果，福建省908专项办公室继2008年结集出版800多万字的"《福建省海湾数模与环境研究》项目系列专著"（共20分册），2012年安排出版《中国近海海洋图集——福建省海岛海岸带》、《福建省海洋资源与环境基本现状》、《福建海湾志》等重要著作之后，这次又编辑出版"福建近海海洋综合调查与评价丛书"。"福建近海海洋综合调查与评价丛书"共有8个分册，涵盖了专项工作各个方面，填补了福建"近海"研究成果的空白。

"福建近海海洋综合调查与评价丛书"所提供的翔实、可靠的资料，具有相当权威的参考价值，是沿海各级人民政府、有关管理部门研究福建海洋的重要工具书，也是社会大众了解、认知福建海洋的参考书。

福建省 908 专项工作得到相关部门、单位和有关人员的大力支持，在本系列专著出版之际，谨向他们表示衷心感谢！由于本专著涉及学科门类广，承担单位多，时间跨度长，综合集成、信息处理量大，不足和差错之处在所难免，敬请读者批评指正。

福建省 908 专项系列专著编辑指导委员会

2013 年 12 月 8 日

前言
PREFACE

　　海岛是海洋国土的重要组成部分，对海洋经济可持续发展、海洋生态环境保护、国家海洋权益及国防安全维护等具有重要意义，具有无可估量的社会、经济、政治和军事价值。福建海岛具有较典型的"岛群"分布特征，数量众多，约占我国海岛总数的21%（刘容子和齐连明，2006），海岛及其周围海域蕴藏着丰富的自然资源。改革开放后，福建海岛开发利用活动进入了繁荣活跃时期，海岛经济迅速发展，为全省海洋经济的发展做出了重要贡献。但不容忽视的是，由于缺少有效的管理措施，海岛开发存在较大的随意性，随着开发程度的不断增加，海岛资源、生态环境和海岛经济可持续发展目标受到了日益严重的威胁，海岛正成为海洋生态环境保护的热点之一。

　　福建在国家海洋局的指导下，精心组织实施了福建省908专项的调查研究工作，掌握了全省海岛大量的基础资料和数据。本书以此为契机，结合20世纪80~90年代的中国海岛资源综合调查的历史资料及其他相关有效资料,选取福建部分典型海岛开展生态系统评价,探索海岛生态系统评价方法,为海岛生态系统研究提供借鉴和参考。本书在国内外关于生态系统评价研究的基础上,根据科学性、系统性、针对性和可操作性等原则,建立了由4个一级指标、10个二级指标和20个三级指标组成的指标体系,应用隶属度函数法对评价指标进行标准化处理,运用层次分析法、熵值法及综合法确定评价指标权重,构建海岛生态系统评价模型,对六屿、东安岛、岗屿、川石岛、南日岛、大坠岛、小嶝岛、塔屿、西屿等涵盖福建沿海6个设区市的9个典型海岛进行生态系统评价,并尝试评估各个海岛的生态系统服务价值。

在调研和写作本书的过程中,国家海洋局第三海洋研究所周秋麟研究员、厦门大学杨圣云教授、福建海洋研究所陈水土研究员给予了热情的关心与指导,在此致以衷心的感谢。

鉴于生态系统评价理论体系尚不成熟,加之著者的业务水平有限,书中疏漏之处在所难免,敬请各位专家和读者批评指正。

胡灯进

2013 年 6 月 20 日于厦门

目录 CONTENTS

第一章

福建海岛概况

第一节 海 岛 分 布

福建地处我国东南部、东海之滨，介于北纬 23°30′~28°22′，东经 115°50′~120°40′，东临台湾海峡，与台湾岛隔海相望。福建沿岸岛屿众多，海岛总数 2214 个，其中有居民海岛 100 个（包括 1 个市级岛、3 个县级岛、15 个乡级岛、81 个村级岛）、无居民海岛 2114 个，面积 500 米^2 以上的海岛 1321 个，面积小于 500 米^2 的海岛 893 个。

福建海岛位居台湾海峡西部，位于我国海上交通要冲，有些海岛与台湾岛（或金门岛）相距咫尺，整体地理区位特殊，具有十分重要的战略地位。福建海岛分布特征如下。

1）福建北部和中部海域海岛分布多，南部海域海岛分布少。兴化湾以北（含南日群岛）的海岛数量约占全省海岛总数的 72%，且北部和中部海岛距离大陆海岸远的海岛相对较多，不少海岛分布在 20 米等深线附近，也有少数海岛分布在 30 米等深线附近。福建南部海域海岛分布较少，且大多距离大陆海岸较近。

2）福建海岛分布相对集中，呈明显的链状、密集型分布，多数以列岛或群岛的形式出现，全省有群岛 13 个、列岛 11 个、群礁 61 个。

3）大部分海岛分布在沿岸海域，距离大陆小于 10 海里。大陆海岸线曲折率大并向海域延伸的半岛周围海域以及向内陆深凹的海湾内，常为海岛密集分布区。少数岛屿距离大陆 10~20 海里，其中连江县所属的东引岛距离大陆 28 海里，是福建距离大陆最远的海岛。

4）福建多数海岛面积较小，绝大多数无居民海岛面积小于 0.1 千米^2，占全省总数的 85.8%。

第二节　自然环境概况

福建海岛多为大陆岛，紧靠大陆，地貌类型以丘陵、台地为主；光照条件较好，降水偏少，风、旱灾害严重；河流少，水量少，河流功能弱，淡水资源严重短缺；周边海域水温、盐度适中，潮汐作用明显，海洋水文环境条件好；森林覆盖率低、树种单一，生态环境较为脆弱；土壤以赤红壤、盐土和风沙土为主，有机质含量低，开发潜力较小；多数海岛污染源少，环境质量相对较好；海洋生物、能源、砂石等资源丰富，旅游资源别具特色；经济基础薄弱，人地矛盾突出，交通及市政基础设施相对落后，文教卫生事业建设滞后。

一、海岛气候

福建海岛地处亚热带海洋性季风气候区，闽江口以北海岛为中亚热带海洋性季风气候，闽江口以南（含闽江口）海岛为南亚热带海洋性季风气候。海岛主要的气候特点为春季阴湿多雨雾，夏季晴热少酷暑，秋季晴朗降水少，冬季低温无严寒。海岛所处地理环境不同，气候条件差别大，海湾内海岛雨量充沛、风速较小，气候条件较优越；海湾外海岛（如南日群岛、平潭县海岛、浮鹰岛等）大风多，平均降水量少，而年蒸发量却是全省最大，水分条件差。

由于太阳辐射、海洋水体的调节作用，福建海岛温热条件较好，气温较内陆高，几乎全年都是无霜期，多年平均气温 15.1 ~ 21.0℃，南部高于北部，南北温差 5 ~ 6℃。福建海岛多年平均降水量介于 1019.2 ~ 2068.8 毫米，南北岛屿差异较大，北部明显高于南部，降水日数春季最多，夏季、冬季次之，秋季最少。沿海风向年变化的主要特点是东北季风和西南季风季节性更替，6 ~ 8 月盛行西南风，10 月至翌年 3 月盛行东北风，年平均风速为 6 ~ 9 米/秒，居全国海岸带之冠，灾害性天气时有发生，主要是受台风袭击较频繁。福建海岛年平均蒸发量介于 1334.3 ~ 2013.2 毫米，蒸发量南部海岛大于北部海岛，海湾外海岛大于海湾内海岛。

二、海岛地质

福建海岛绝大多数为大陆岛，其形成原因、年代、构造性质和资源等都与大陆相似。

福建海岛地层发育不全，所出露的地层除零星分布的晚三叠世-侏罗纪变质岩外，均为晚侏罗-早白垩纪火山岩系及第四纪地层。第四纪按其成因可分为残积层、冲积层、冲洪积层、风积层、海陆过渡层、湖积层和海积层等7种类型。

福建海岛位于我国东南部新华夏巨型构造体系的东延部分，中生代以来发生大量的酸性、中酸性及基性岩喷溢、侵入和变质等作用，各海岛岩性几乎全部是由酸性、中酸性及基性火山岩、侵入岩和动力变质岩所组成，但以中性、中酸性、酸性为主。此外，各海岛还不同程度分布着第四纪沉积物，其中闽江口以北的海岛为零星分布，闽江口以南的海岛分布面积稍广且连续成片。

三、海岛地貌

福建海岛是大陆向海延伸的部分。从总体分布看，海岛地貌与海岸线明显受北东向、北北东向断裂构造控制，闽江口以北海岛和闽江口以南海岛的地貌特征有较大的差异。闽江口以北海岛基本上都是单个基岩岛，地貌类型多数只有高丘、低丘和残丘，而闽江口以南海岛多由岛连岛构成，由沙洲把几个基岩岛连接起来，面积较大的海岛的地貌类型有高丘、低丘和红土台地，以及大小不一的海积平原、风成沙地等。有些岛屿海拔较高，发育有三级海蚀台地，层状地貌明显；大多数岛屿高程在 10 ~ 20 米；有些小岛礁的高程甚至不足 10 米。

海岛海岸类型多以基岩海岸为主,部分海岛发育沙质海岸,基岩海岸以闽东海域的海岛最为典型。部分靠近大陆的海岛还有红树林海岸,如九龙江河口海域的鸡屿、大涂洲等。

四、海洋水文

福建海岛位于东海和南海海水交换的重要通道,其周围海水直接受到浙闽沿岸流、黑潮水和台湾海峡暖流水(黑潮水和南海水的混合水)三个水系强弱及其相互消长的影响。多种性质和来源的水系交汇于此,形成福建近海季节性与区域性变化的海洋水文特征。以低温、低盐为特征的浙闽沿岸水,每年 10 月随着东北季风的增强,开始进入台湾海峡,翌年 6 月随着东北季风的消衰而消失;以高温、高盐为特征的台湾海峡暖流水,夏季几乎覆盖整个台湾海峡上层水而影响福建海岛周围水域;在 6~9 月,海坛岛、兄屿、弟屿附近海域还多处出现上升流。

福建海岛海域潮汐类型在浮头湾以南海区为不正规半日潮,浮头湾以北海区均表现为正规半日潮。各地海岛潮差差异较大,厦门岛及其以北海区平均潮差在 4 米以上,南部海区潮差相对较小。福建沿海除浮头湾以南为不正规半日潮流外,其余海区均为正规半日潮流。沿海潮流的运动方式,闽江口以北海域一般为左旋旋转流,闽江口以南海域一般为往复流,表层流速一般为 60~100 厘米/秒,最大可达 150 厘米/秒。由于台湾海峡的"狭管效应",福建沿海风速大、风区长、风浪大,海区多年平均波高为 1.0~1.5 米。

五、海岛淡水

福建海岛地区是福建的少雨区,而且也是全省干旱发生率和强度最大的地区。春旱、夏旱、秋冬旱均可发生,春旱三年二遇,夏旱出现概率为 90%~100%,秋冬旱概率为 50%~90%,水资源十分匮乏。多数岛屿人均水资源量低于 600 米^3，远低于世界人均（8187 米^3）、全国人均（2238 米^3）、全省人均（4639 米^3）的水平，特别是一些岛屿人均水资源只有200～300 米^3，是福建水资源最紧缺的地区。水资源缺少严重制约了海岛地区经济的发展。

六、海岛土壤

福建海岛土壤的主要类型是赤红壤土类和红壤土类，分布具有明显的水平地带性和垂直地带性的特征。闽江口以南海岛的土壤属南亚热带季雨林地带，分布着以赤红壤为主的地带性土壤；闽江口以北海岛（包括琅岐岛、粗芦岛等）的土壤属中亚热带湿润常绿阔叶林地带，分布着以红壤为主的地带性土壤。闽江口以南海岛成土母质多种多样，以花岗岩风化物为主，其次为凝灰岩类及第四纪沉积红土。闽江口以北海岛成土母质以侏罗纪南园组流纹质凝灰岩为主，其次为燕山期花岗岩。同时，闽江口以北海岛的土壤覆盖层一般比闽江口以南海岛的土壤薄。

七、海岛植被

福建海岛地跨南亚热带和中亚热带两个气候带，自然植被也随之有明显的地带性特征。连江黄岐半岛以北为中亚热带常绿阔叶林地带，以南为南亚热带季雨林地带。在南亚热带海洋性季风气候控制下，相应的地带性植被群落本应是南亚热带季雨林。但是，由于长期人为活动的影响，丘陵山地的原生植被已几乎绝迹，由次生常绿阔叶林所代替。地形条件的不同和纬度的差异，导致气候、土壤、水文状况的差异，使得地带性植被的基本群落在外貌结构、种类成分和分布状况上都产生一定的差异。海岛现状植被类型主要为常绿针叶林、常绿阔叶林、灌丛、草丛和稀树草丛等。植被的地理分布规律是：丘陵低山以马尾松林、相思树和灌丛草被为主，山坡的迎风面及顶部以马尾松林为多，山坡的背风面以黑松、相思树的纯林及混交林为多；其林下多为黑牡丹、芒其骨等灌草群落；滨海平原、台地则为人工营造的小面积黑松、相思树和木麻黄林混交林，以及乌桕、栲树、樟树、柠檬桉树、围延树等；平原台地均为粮食、经济作物和油料作物种植区；沿海沙滩和风沙土地区则为木麻黄等人造防护林区。

八、海洋生物

福建海岛海域具有优良的气候和水文条件，适宜于亚热带海洋生物栖息、繁衍和生长，为鱼、虾的产卵、索饵、洄游越冬提供了理想的生活场所，构成一年四季渔汛迭起的良好渔场，该区域内分布有闽中渔场、闽东渔场等闻名全国的重要渔场。台湾海峡暖流水和浙闽沿岸流的作用，为该区海域带来了大量的有机物质和营养盐类，加上海洋生物分解和新陈代谢，为海洋生物提供了丰富的饵料物质。该区域内海岛周边海域生态环境良好，营养物质丰富，初级生产力较高，生物量较大，种类多样，但也面临着较大的环境压力和恶化趋势。

九、海洋灾害

福建海岛与其区域范围内的陆域一样，在其遭受的自然灾害中，既有台风、暴雨、大风和干旱等主要气象灾害，也有台风暴潮、海岸侵蚀、海岸风沙和赤潮等海洋灾害，以及地震灾害等。

第三节　资源概况

福建海岛数量多、大小兼备，分布上又具有近岸和集群等地理特点，因此自然资源相当丰富。其中分布于海域的资源主要有深水岸线、航道、锚地等港口资源，渔业及药用生物资源，盐业及海洋化学资源，海底油气及型砂等海洋矿产资源，潮汐、潮流、波浪等海洋能源；分布于海岛陆域的有土地资源、淡水资源、森林及其他动植物资源、矿产和建材资源；此外，还有海陆域并存的旅游资源，以及光、热、风等气候资源等。

在上述资源中，港口资源、海洋渔业资源以及旅游资源的资源量大、质量好，在全国同类资源中占有重要的位置，开发后不仅对当地的经济社会发展有着巨大的促进作用，对区域以外乃至其他省份也有着深远的影响，具有全国性意义；林业资源、土地资源、浅海及滩涂等资源的数量虽不很丰富，但对地方或区域经济的发展有十分重要的意义。

一、港口资源

福建海岛大多分布在大陆近岸，是大陆各港口航线必经之地，可就近利用这些条件发展大宗货物的中转运输。近岸有些海岛岸线水深较深，深水水域广阔，多湾澳，避风条件良好，适宜建设各类码头泊位，为发展港口航运提供良好的基础。但福建沿海岛屿大多基础设施简陋，多数岛屿的港口腹地还仅局限于本岛，所建泊位多是供本岛人员和货物进出的小型泊位，港口资源未能充分利用。自20世纪90年代以来，福建加大了海岛开发的力度，在发展港口运输方面，建设了适应海岛所需的各类渔港和中、小型的码头泊位，既改善了海岛对外交通和货物集运条件，也为各港口提供了货物中转运输的基地，成为福建沿海港口运输体系建设的一个组成部分。在福建众多海岛中，具备发展大型深水港条件的有厦门岛、东山岛、江阴岛、海坛岛、琅岐岛等5个。经重组、调整后的厦门港，2009年的货物吞吐量首次突破亿吨大关。

二、渔业资源

福建海岛周围海域的渔业资源丰富，众多海岛以及难以计数的岩礁周围的浅海海域和潮间带，是海洋生物栖息的良好场所，繁生着大量的鱼、虾、贝、藻等类群的海洋生物，其中不少种类是可直接或间接为渔业所利用的水产生物。

福建海岛渔业资源的种数由低纬度到高纬度，自南到北逐渐减少，渔场鱼类分布各具特点。闽东渔场以大黄鱼、带鱼、鳓鱼、马鲛、海鳗、日本鳗、乌贼、毛虾、梭子蟹等为主要捕捞鱼种。闽中渔场以大黄鱼、带鱼、鳓鱼、马鲛、鲳、矮尾大眼鲷、乌贼、毛虾、蓝圆鲹、鲐、日本鳗、绒纹线鳞鲀、对虾、梭子蟹等为主要捕捞鱼种。闽南-台湾浅滩渔场以带鱼、大黄鱼、二长棘鲷、乌鲳、蓝圆鲹、金色小沙丁鱼、脂眼鲱、鲐、竹荚鱼、绒纹线鳞鲀、枪乌贼、对虾和毛虾等为主要捕捞鱼种。沿海许多港湾生态环境优越，是各种鱼、虾类索饵洄游、生殖洄游、越冬洄游的场所，如三都岛附近的东吾洋盛产长毛对虾；三都岛附近的官井洋是大黄鱼产卵场；厦门港、湄洲湾、闽江口、官井洋、沙埕港等是马鲛鱼产卵场；平潭和东山岛附近海域是单刺鲀的核心渔场；围头湾、厦门近海至东山和台湾浅滩是中上层鱼类的索饵场；围头湾到金门岛四周水域是真鲷产卵场；福建沿海是带鱼、鲨鱼、鳓鱼、无针乌贼等洄游必经之地。

三、旅游资源

海岛作为一种特殊的滨海旅游资源，为国内外游客所向往。福建海岛众多，自然景观和人文旅游资源兼备，且个性鲜明、数量丰富，海岛旅游正成为福建海洋经济的一个重要组成部分。

在各种海岛旅游资源中，滨海沙滩由于其区位条件好、旅游功能多（海水浴场、开展与水上运动相关的游憩活动等）、景观组合美而成为海岛旅游首选开发的资源。福建海岛的滨海沙滩主要集中分布在海坛岛、湄洲岛、厦门岛、鼓浪屿、东山岛、琅岐岛、川石岛等几个海岛。

福建海岛海蚀地貌景观十分发育，形成了大量造形奇特的奇石异洞，是海岛的又一个重要的旅游资源。这一类旅游资源在福建海岛中十分普遍，种类众多，不少是国内少有，具有极高的观赏价值。例如，海坛岛的半洋石帆，东山岛澳角东南的龙屿、虎屿、狮屿、象屿等岛群，闽江口的五虎礁等。

福建海岛人文旅游资源也相当丰富，且资源的品位高、影响广泛。①民俗宗教文化旅游资源，以湄洲岛的"妈祖文化"和东山岛"关帝文化"（关帝庙）最具特色和闻名。②军事遗址中最负盛名的有东山岛海滨铜山古城，厦门岛鸿山、演武场、胡里山炮台等。

四、矿产资源

福建海岛地质构造和外力作用相当复杂，形成多种矿物，而以滨海砂矿为主。此外，海水中含有近 80 种化学元素，包括氯、钠、镁、钾、钙、溴等，但多数资源尚未得到科学勘测和工业开发利用。目前，已被广泛开发利用的只有海水制盐，以及盐化工业。

五、可再生资源

福建海岛可再生能源资源主要是海洋能（潮汐能、波浪能和海流能）及风能。福建是全国潮汐能最丰富的省份之一，理论计算年发电量为 284.4×10^8 千瓦时，可开发的装机容量达 1033×10^4 千瓦，占全国可开发装机容量的 49.2%，居全国首位。

据福建沿岸波能资源估算，全省沿岸海区的波能密度为 6.19 千瓦/米，理论蕴藏量为 2042.7×10^4 千瓦（占全国的 29%），是我国沿海较丰富的波能资源分布区。

福建沿海岛屿、半岛等突出区域是全国沿海风能资源最为丰富的地区之一，年有效风能达 2500 ~ 6500 千瓦时/米^2，有效风能密度达 200 瓦/米^2，年有效风速利用时数可达 7000 ~ 8000 时，年有效风频大于 70%。

第二章

海岛生态系统评价内容和评价对象

第一节　评价内容和评价范围

本书将海岛生态系统评价分为两部分，即海岛生态系统状态评价和海岛生态系统服务价值评估。

海岛生态系统状态评价：根据海岛生态特征，构建海岛生态系统评价指标体系和评价方法，对海岛的生态系统状态进行评价，通过评价摸清海岛当前的生态系统相关要素的状态。

海岛生态系统服务价值评估：在海岛生态系统服务分类的基础上，对海岛生态系统服务价值进行综合评估。

评价范围包括海岛岛陆、潮间带和近海海域，以海岛水下地形转折处为界。

第二节　评　价　对　象

福建沿岸岛屿众多，海岛总数达 2214 个。对福建所管辖范围内所有海岛进行生态系统评价并不是一件易事，一方面受人力、物力和时间的限制难以实际运作，另一方面由于海岛分布的空间自组织性，许多海岛具有相似性，所以有必要筛选出其中有代表性的岛屿进行重点评价。

一、典型海岛的选取

福建 97.7% 的海岛为大陆岛，99.4% 的海岛为基岩岛，因此典型海岛的选取不考虑其成因和物质组成，全部为大陆岛和基岩岛。为使评价的海岛在区域和生态特征上具有代表性，首先，将海岛分为有居民海岛和无居民海岛两大类，

有居民海岛根据其规模和行政级别再细分为乡级有居民岛和村级有居民岛，有
居民海岛的选取主要考虑那些受人为因素干扰大或开发利用前景优势明显的典
型海岛；无居民海岛的挑选则主要考虑具有重要开发或保护价值的海岛，植被
覆盖好、生物多样性丰富等具有典型生态特征的海岛；其次，再根据海岛所处
的位置分为河口岛、湾内岛、湾口岛和湾外岛，重点关注今后作为海洋行政管
理部门管理重点的湾口以内海岛；再次，选取典型海岛考虑其开发利用现状的
程度或其开发利用前景；最后，考虑海岛所处行政区域的代表性。

根据以上海岛选取原则，确定本项目评价的典型海岛 9 个，其中乡级有居
民岛 1 个、村级有居民岛 4 个、无居民海岛 4 个。①地理位置：涵盖了河口岛、
湾内岛、湾口岛和湾外岛；②开发利用程度：从较为原始的海岛到开发利用程
度较高的海岛，以及具有较好开发利用前景的海岛；③行政区划：涵盖了全省
沿海 6 个设区市，详见表 2-1 和图 2-1。

表 2-1 典型海岛概况表

海岛名称	行政隶属	位置	中心位置经纬度	面积/公顷	有无居民及规模	主要特征
六屿	宁德	赛江河口	119°40′32.923″E 26°50′34.891″N	21.0	村级有居民岛	植被丰富，水源不足，开发利用程度较高
东安岛	宁德	三沙湾内	119°55′30.127″E 26°41′4.694″N	665.7	村级有居民岛	土壤肥沃，植被丰富，渔业资源丰富，有一定程度的开发
岗屿	福州	罗源湾内	119°45′18.278″E 26°24′8.881″N	8.1	无居民岛	植被较好，为旅游类海岛，有旅游开发潜力
川石岛	福州	闽江口	119°40′8.346″E 26°8′5.153″N	283.7	村级有居民岛	植被丰富，滨海风光独特，文物古迹较多，旅游资源丰富，开发程度较高
南日岛	莆田	兴华湾外	119°29′30.326″E 25°18′17.454″N	4215.9	乡级有居民岛	森林植被较少，雨影区，干旱，气候条件较为典型，有一定程度的开发
大坠岛	泉州	泉州湾口	118°46′17.031″E 24°49′46.880″N	61.3	无居民岛	植被发育，岩性为变质岩，有旅游开发潜力
小嶝岛	厦门	围头湾内	118°22′56.413″E 24°33′30.940″N	97.5	村级有居民岛	植被茂密，开发利用程度较高
塔屿	漳州	东山湾口	117°32′58.612″E 23°43′59.027″N	67.3	无居民岛	植被茂密，风景名胜区，有矿藏，渔业资源丰富，有一定程度的开发
西屿	漳州	诏安湾口	117°19′5.219″E 23°36′31.810″N	115.4	无居民岛	植被茂密，渔业资源丰富，有一定的开发利用

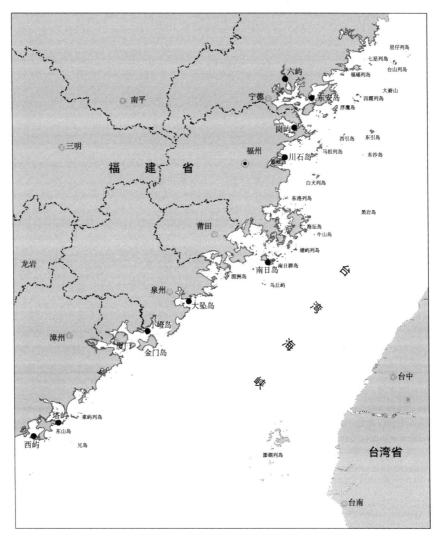

图 2-1　典型海岛分布示意图

二、典型海岛概述

1. 六屿

六屿位于福安市南部，下白石镇东北部，白马河下段，东经119°40′32.923″，北纬26°50′34.891″。该岛处于福安市，在国家一类开放口岸白马港区内，隶属于福安市下白石镇，南离镇所在地 4 千米，距大陆最近点 0.5 千米。

六屿原有相邻六个屿，故名六屿，南北长 0.86 千米，东西宽约 0.23 千米，面积约 0.2 千米²。六屿由火山岩构成，表土为红壤和沙质土，地形中部低，南北高，最高点海拔 25.4 米。六屿海岸多砂质海岸，间或沿岸，岸线长约 2.2 千米。年均气温 19.2℃，1 月均气温 9.5℃，7 月均气温 28.8℃，年均降水量 1160.6 毫米，7～9 月为台风季节。

六屿为村级有居民海岛，全村有 273 户、1011 人，岛上的年轻人多外出打工，常年在岛上居住的村民只有 350 人左右。六屿村下辖两个自然村，从事渔业、农业，兼营运输、造船等，全村 2008 年工农业总产值 7305 万元，人均纯收入 6577 元。岛东侧是通赛岐港主航道，北有客运码头及灯桩，有照明、通信等设施。六屿上有一个福安市海轮船舶维修厂（原福安市海轮船舶修造厂），始建于 1991 年，属私营企业，固定资产投资 416 万元，占地面积 4200 米²，建有万吨级干船坞 1 座，全长 126 米、宽 20 米、深 6 米，并建有相关配套的生产设施。

2. 东安岛

东安岛地理位置为东经 119°55′30.127″，北纬 26°41′4.694″，位于霞浦县南部，东北靠东吾洋，西南临大黄鱼的天然产卵地官井洋，东南与下浒隔岸相望。该岛隶属于霞浦县溪南镇，海岛西北距溪南镇所在地 8 千米，距大陆最近点 0.5 千米。

东安岛曾名东江岛、东坩岛、东坑岛，1942 年发生过盐兵"血洗东坑"事件，1949 年后，岛民安居乐业因此改为东安岛。东安岛略呈三角形，东西长 5 千米，南北宽 1.3 千米，岛面积约为 6.6 千米²，是霞浦县第二大岛。东安岛由花岗岩组成，土壤肥沃，黑松和茅草丛生。地形北高南低，共有 7 处高地，最高点大山头海拔 277.2 米。海岸多岩石和垒石，曲折陡峭，岸线总长约 22 千米，周围均为滩涂。年均气温 18.6℃，1 月均气温 9.1℃，7 月均气温 28.3℃，年均降水量 1160.6 毫米，春季雾日约 20 天。

东安岛为村级有居民海岛，有东安村和关门村两个行政村，总人口 4000 多人。岛上居民主要以渔业和农业种植为主，全村近 90% 的收入来自水产养殖和农业种植的收入，人均年产值约 6000 元。东安岛附近海域的浅海养殖以浮筏式海带养殖和大黄鱼网箱养殖为主，其他养殖鱼类还有海参、鲍鱼、真鲷、鲈鱼、美国红鱼、鲍鱼。滩涂养殖以紫菜和牡蛎为主，另外还有弹涂鱼、缢蛏等。2008 年，东安岛所属的溪南镇滩涂养殖 16 900 多亩，虾塘 43 口，面积 3500 多亩，海带养殖面积为 9300 多亩，网箱养殖 5.5 万亩，鲍鱼养殖 5800 万粒，海参养殖 3500 万粒。东安岛上有少量的种植业，以粮食作物水稻和地瓜为主。

东安岛上基础设施比较完善，有移动、联通、电信网，还能收看有线电视。岛上有一个卫生所和一所小学，2009 年岛上小学学生人数只有 20 多人、老师 4 人。东安岛居民的信仰有佛教和基督教，其中信仰基督教的有 200 多人，岛上有基督教堂。2008 年，东安岛上东安村至关门村长 5600 米、宽 4.5 米的环岛公路全线投入使用。2008 年 3 月，溪南镇人民政府申请立项建设东安村三级渔港，决定在东安村渡船头建设一座三级渔港码头。该工程防浪堤长 80 米、堤高 8 米、堤宽 12 米，面积约 120 亩。码头上有班船，海上交通便捷。

3. 岗屿

岗屿地理位置为东经 119°45′18.278″，北纬 26°24′8.881″，位于罗源湾东部，岗屿水道南端西侧，与东北陆岸上的将军帽对峙，距大陆最近点约 0.9 千米。行政区划隶属于连江县坑园镇。

岗屿岛形长，呈东北走向，南北长约 470 米，东西最宽处约 280 米，面积约为 0.081 千米^2。岗屿为大陆岛，由花岗岩组成，岛上植被不发育、多杂草，地形东低西高，最高点海拔 54.3 米，海岸为陡峭的基岩岸滩，岛屿周围水深在 2～20 米。岛屿北水域为进出罗源湾的岗屿水道。

岗屿为无居民海岛，岛上现建有养殖场，南部有鲍鱼养殖场及其管理房。岗屿岛上建有灯桩。岗屿海区是福建首批大黄鱼产业化养殖基地，为了保障该海区的网箱养殖安全，群众集资修建了一条 80 米长的简易斜坡式防波堤。该堤与岗屿岛相连，堤轴走向为南偏东 15°，堤头与南侧礁石盘相接，部分挡住东北向季风，在其西北侧形成小规模的避风区。

4. 川石岛

川石岛位于连江县南部闽江入海口处，位置为东经 119°40′8.346″，北纬

26°8′5.153″。该岛距大陆最近点5.0千米,东濒大海远眺马祖列岛,西北与粗芦岛对峙,西南与壶江岛、琅岐岛相望,是闽江口兵家必争之海域,也是福州市的重要海上"咽喉"。行政区划隶属于连江县琯头镇。

川石岛因形似芭蕉、俗称"芭蕉岛",岛上有一岩洞,南北相通,并可行舟,川穿谐音,由此得名川石岛。川石岛长约3.2千米,宽0.37千米,面积2.836千米^2,是福州市第四大海岛。川石岛主要由花岗岩组成,土层薄,植被少,最高点芭蕉山海拔186.6米。海岛东侧多礁石,东北部陡峭,东南多泥沙,西部有突出石坡,均为基岩海岸,岸线长约12.96千米。年均气温18.3℃,1月均气温9.4℃,7月均气温28.3℃,年均降水量1224.1毫米。通常风力3~4级,7~10月多台风。

川石岛是个村级有居民海岛,现有1个行政村和2个自然村,人口3000多人。岛上居民主要从事滩涂养殖生产和近海捕捞,以出产紫菜、海蜇皮等海珍品闻名于世。该岛水陆交通便利,通信设备齐全,岛上设有福建省海洋气象站和举重训练基地。岛上有公路,每天还有定时客轮往返于粗芦、壶江、福州等地。

川石岛集山、海、岛于一体,旅游资源丰富。该岛四面环海,多为层峦叠谷,山峰险陡,海岸多为礁石绝壁。岛东端,孤峰挺秀,危岩如削。站在山顶,翘首东眺,视野开阔,无阻无挡,烟波浩淼,岛屿丛峙,蔚为壮观,是眺望马祖的胜地。川石岛开发于300多年前,1917年以来,曾先后被英国、美国等国侵占,在岛上设有国际通信电台,至今还完整保留有外国建筑。日本侵华期间曾两次占领该岛,岛上有日军残杀居民的万人坑。岛上有古迹烽火台、大东电报楼、避暑山庄、万人坑遗址等可供观瞻凭吊。

5. 南日岛

南日岛在莆田市东部海域,地理位置为东经119°29′30.326″,北纬25°18′17.454″。该岛扼兴化湾咽喉,东濒台湾海峡,距离台湾新竹港73海里、乌丘屿11海里,是对台交流、对外贸易的重要窗口,其西侧的南日水道更是海上交通要冲。南日岛古称南匿山,因山隐大海得名。南日岛东西长约14千米,南北宽约3千米,中间平坦,地形呈哑铃状,面积42.16千米^2,是福建第六大岛，也是莆田第一大岛，与湄洲岛并称姐妹岛，为镇级建制海岛，行政区划隶属于莆田市秀屿区。

燕山期花岗岩类广布于岛屿东、西部，出露的前第四纪地层仅见南部万湖山的上三叠统-侏罗系变质岩和分布北部中段南率仔、上率仔等小山丘的上侏罗统小溪组英安质晶屑凝灰熔岩。第四纪地层有更新统残积层、上更新统中上段海陆过渡层、风积层、全新统风积层、海积层。该岛潮间带沉积主要是细砂、粗砂之间的粒径类型，其中黏土质粉砂是南日岛海域分布最广的沉积物类型。南日岛陆域主要地貌类型有侵蚀剥蚀丘陵、台地及海积平原、风成沙地等。其中海积平原分布面积最大，主要分布于中部地区。该岛岸滩地貌：基岩海岸和岩滩分布于东西两端，东部基岩直接临海，西部多台地临海，砂质海岸主要鉴于中部连岛沙坝及基岩岬角间小湾内，淤泥海岸仅见于岛中部的港里泻湖（现已围垦），滩地为潮滩。该岛属南亚热带海洋性季风气候，年平均气温19.7℃，最热月均气温27.8℃，最冷月均气温11.2℃。年均降水量1329.1毫米，年均蒸发量2172.6毫米，淡水资源匮乏，属极度贫水区，岛上地表水人均不足300米^3。灾害性天气主要是台风、大风和暴雨。

南日岛1994年撤乡建镇，总人口5万余人，主要产业有渔业、旅游业和能源产业。2006年，南日镇工农业总产值9.766亿元，农民人均纯收入4250元，是福建第三批科技示范镇和福建五大海洋经济综合开发试验区之一。南日岛交通条件便利，已建成500吨级对台货物码头和山初平战客运码头，有石南轮渡公司2艘交通用登陆艇往返于南日和埭头镇石城码头；岛上有贯通和环岛2条公路主干线，实现村村通公路，公路总里程约130千米。岛上有4座小（二）型水库（10万米^3≤库容≤100万米^3）和34处山塘，结合地下水抽取，供当地居民生产和生活；2007年，莆田平海湾跨海供水工程通水，岛上居民用上了来自大陆的自来水，水荒生活成为历史。供电方面，35千伏南日岛输变电工程目前已顺利投运，电缆全长10千米；装机规模为16 150千瓦的19台风电机组已全部投产发电，可以满足岛上不断增长的电力需求。通信方面，固定电话网络和移动通信网络均已基本覆盖全岛，电视广播站1个，采用电视光缆，全岛实现户户通闭路电视。

6. 大坠岛

大坠岛位于惠安县南部海域，地理位置为东经118°46′17.031″，北纬24°49′46.880″。该岛位于泉州湾湾口，与小坠岛南北相望，距大陆最近点约2.3千米。行政区划隶属于惠安县张坂镇。

岛屿岸线长度约4.8千米，海拔100.5米，呈不规则长块状，长轴近东西走向，长1.25千米，面积0.61千米²，是泉州市惠安县最大的岛屿。大坠岛为大陆岛，由变质岩组成，海岸为基岩海岸，地表植被发育中等。年平均气温19.9℃，冬短不严寒，夏长无酷暑。年均降水量1101.0毫米，主要集中在春初至秋初，秋冬少雨，常年年蒸发量超过年降水量，水资源缺乏。

大坠岛属无居民海岛，风光旖旎，山体形象饱满优美，植被覆盖较好，是理想的休闲旅游之地。岛上仅有20～30人从事季节性紫菜养殖活动。岛上渔民打井取水，基本能满足用水需求，但是岛上电力欠缺，仅靠少量风力发电设备发电。岛上建有一个100吨级的陆岛交通码头和部分旅游设施，但是旅游产业未形成稳定规模，只有零散游客偶尔上岛观光。总体而言，大坠岛岛陆的开发利用程度尚处较低水平，该岛直接的人类开发利用活动对海岛生态系统影响较小，但大坠岛位于泉州湾湾口，泉州湾南北两岸高强度海洋开发利用活动，对大坠岛浅海水域生态系统影响显著，如浅海水域无机氮含量明显偏高。

7. 小嶝岛

小嶝岛位于厦门市最东部海域，地理位置为东经118°22′56.413″，北纬24°33′30.940″。该岛与金门岛隔海相望，是中国大陆距离金门最近的地方之一，最近距离仅3.6千米，西北距大陆最近点约2.3千米。行政区划隶属于翔安区大嶝街道。

小嶝岛呈东西走向，长1.7千米，宽0.48千米，面积仅0.86千米²，因小于大嶝岛，故名。小嶝岛主要由花岗岩构成，多赤壤土。海岛地形东、北部较高，最高点西悦尾海拔28米。海岛岸线长约8千米，泥沙岸。年均气温20.9℃，1月气温13.0℃，7月气温28.2℃，年均降水量1183.4毫米。

小嶝岛是著名的英雄三岛之一，历史上小嶝岛属于金门县管辖，1971 年划归同安县（今为厦门同安区），2004 年起小嶝岛属于厦门市翔安区辖区范围。小嶝岛岛上有居民 774 户，常住人口为 2877 人，成年男子大都劳务外派，其余从事水产养殖。养殖以紫菜和牡蛎为主。岛上有一所小学，一家信用分社，一间医疗卫生所。小嶝岛交通基本靠交通船，现有码头 8 个，硬质化水泥环岛路 1730 米，硬质化村间道路 1990 米，还有一条 1470 米的老路。

8. 塔屿

塔屿位于东山县铜陵镇以东海域，地理位置为东经 117°32′58.612″，北纬 23°43′59.027″。该岛东临台湾海峡，与中国台湾隔海相望，北隔东山湾，距大陆最近点约 0.8 千米。行政区划隶属于东山县铜陵镇。

塔屿因地处铜山城东门外，又称东门屿。全岛面积约 0.67 千米², 海岸多为基岩海岸，岸线长度约 6.8 千米，海拔 90 米。该岛为大陆岛，由花岗岩、松散冲积物组成。东门屿属无居民海岛，但根据海岛实地调查，东门屿居住人口约 80 人，其中，东明寺有僧人、俗家弟子及其他人员共 70 个；岛上有一个招待所，员工 7 个人；两个鲍鱼养殖场，工人 6 个。

9. 西屿

西屿位于东山岛西南偏西方向，地理位置为东经 117°19′5.219″，北纬 23°36′31.810″。该岛位于诏安湾口门东侧处。由东西两座小山和中间一片海基平原组成，距东山岛约 800 米。行政区划隶属于东山县陈城镇。

西屿面积约 1.15 千米²，岸线长度约 7 千米，海拔 108.2 米。西屿属大陆岛，主要由变质岩和松散冲积物组成，海岸为岩石岸和沙质岸。地表土层厚，植被有树林。区域气候宜人，年平均气温为 25.06℃，年均降水量为 1256 毫米。

西屿属无居民海岛，岛上居民主要是养殖场和农业引进隔离场的工作人员。目前，西屿岛有 5 个鲍鱼养殖场，约 27 口养殖水池，年产鲍鱼近千万粒，净利润近百万元；围垦养殖场主要养殖品种是虾、蟹、文蛤等，年产值 30 万 ~40 万元；岛上有 3 户渔民，主要捕获鱼类是虾、蟹和鱼类等，年收入 3 万元/（船·年）。西屿码头是西屿岛的主要交通码头，建于 2007 年，主要用于陆岛交通船舶停靠。

第三章

海岛生态系统状态评价方法

本书海岛生态系统状态评价通过选取反映海岛生态系统状态的若干因子为评价指标，构建评价指标体系。指标经过标准化处理，并赋予合理权重，通过评价模型计算海岛生态系统状态得分，从而评价海岛生态系统状态优劣。

第一节　指标体系构建原则

单个指标无法反映海岛生态系统的总体特征，全面选取各项指标则难以搜集数据资料。如何合理地构建海岛生态系统评价的科学指标体系，是海岛生态系统评价的关键，关系到海岛生态系统评价的科学性。然而，海岛生态系统是个综合复杂的生态系统，选取科学合理并具代表性的指标是最大的难点。因此，本书根据海岛生态系统特征拟定以下原则，为指标的选取提供指导。

（1）科学性原则

海岛生态系统评价体系是一个集资源、环境以及自然影响因素等的综合体系。评价体系的科学性关系到评价的可信度，关系到评价结果的准确、合理性。各项指标的选取既要反映海岛生态系统特征，又要符合相关性学科标准。指标体系设计要能够客观、科学、完整地反映海岛生态系统状况以及各项评价指标的相互联系。

（2）系统性原则

海岛生态系统是一个涉及多个要素的复杂结构系统，具有很强的系统完整性。评价的体系不是简单的各项指标的堆积，而是一个相互切合、完整的评价体系。

（3）针对性原则

针对评价海岛的生物状态、非生物环境状态、景观格局和自然条件，力求所选指标具有代表性，避免选择意义相近、重复的指标，使指标体系简洁易用。

（4）可操作性原则

要全面科学地评价海岛生态系统，需有全面的、可靠的数据支持。因此数据搜集是评价的一个重要环节，数据搜集的可行性关系到整个评价的可行性。所以，指标选取时应考虑各项指标数据搜集获取的可操作性。

第二节　评价指标体系构建

一、指标体系构建思路

从生态系统观点出发，生态系统维持原有状态或演化趋势的能力代表了生态系统状态的优劣，而这种能力则取决于它本身的复杂性和内外部条件的适宜性，这是海岛生态系统状态评价的内涵。

根据海岛生态系统状态评价内涵，海岛生态系统状态评价就是设计合理可行的方法，定量分析表征生态系统状态的因子和影响生态系统状态的因子，综合评价其状态优劣。

表征因子是描述海岛生态系统组织结构特征和生态系统内部环境条件的因子，主要考察其复杂性和环境条件适宜性。

影响因子是海岛生态系统的外部条件。影响因子作用于海岛生态系统，最终通过表征因子来表达，即表征因子反映了影响因子的作用程度。但是，生态系统影响因子的作用与表征因子的显性表达之间存在长时间的时滞，所以如果仅从表征因子角度评价其状态，评价结果只能反映某一时间断面的生态系统状态。因此，将生态系统影响因子纳入海岛生态系统状态评价指标体系，可综合反映海岛生态系统状态，表现它的趋势性和可持续性。

二、指标体系构建

根据福建"908专项"海岛调查技术规程所确定的调查范围及调查内容，

以上述指标体系构建原则和思路为指导，构建海岛生态系统三级评价指标体系（表3-1），将指标分为生物状态、非生物环境状态、景观格局和自然条件四大类。

生物状态和非生物环境状态指标属于表征因子范畴，自然条件和景观格局属于影响因子范畴。生物状态指标包括岛陆生物、潮间带生物和近海海域生物三方面的指标；非生物环境状态则包括沉积物环境质量、海水环境质量和地质地貌的指标；自然条件主要考虑气候条件和自然灾害；景观格局则考虑自然性和景观破碎化。根据以上的指标分类，且以福建省海岛生态系统的特征为基础，选取科学、可操作和可获取的20个三级指标构建海岛生态系统状态评价指标体系。

表3-1　海岛生态系统状态评价指标体系

一级指标	二级指标	三级指标	三级指标代码
生物状态	岛陆生物	植被覆盖率	D1
	潮间带生物	潮间带底栖生物多样性指数	D2
	近海海域生物	浮游植物生物多样性指数	D3
		浮游动物生物多样性指数	D4
		浅海底栖生物多样性指数	D5
非生物环境状态	沉积物环境质量	有机碳	D6
		硫化物	D7
		石油类	D8
	海水环境质量	COD	D9
		无机氮	D10
		活性磷酸盐	D11
		石油类	D12
	地质地貌	潮间带底质类型数	D13
		岛陆平均坡度	D14
景观格局	自然性	自然性指数	D15
	破碎化	斑块密度指数	D16
自然条件	气候条件	年均降水量	D17
		年均风速	D18
	自然灾害	赤潮发生次数	D19
		台风灾害次数	D20

第三节　数据标准化和评价标准

对生态指标优劣的评价本质是人类对客观事物的主观判断，因此各个生态指标评价值与指标实际监测值之间存在模糊隶属关系。结合模糊数学中隶属度的定义，将生态系统指标利用隶属度函数进行标准化，不同的隶属度代表不同的评价等级。

将各评价指标的隶属度或评价结果分为 5 个生态等级（表 3-2）：优（0.8~1）、良（0.6~0.8）、一般（0.4~0.6）、差（0.2~0.4）、很差（0~0.2）。不同的评价指标通过建立不同的评价标准和准则，根据具体指标的生态学特征选择合适的隶属函数，计算对应 5 个评价等级的隶属度。

表 3-2　生态评价描述与对应的隶属度范围

	评价描述				
	很差	差	一般	良	优
隶属度	0~0.2	0.2~0.4	0.4~0.6	0.6~0.8	0.8~1

一、隶属度函数

各个生态指标评价值（即生态指标隶属度）与指标实际监测值之间隶属函数的选取对评价生态指标是非常关键的。指标监测值与评价值之间基本的相关关系可以划分为 3 种类型：递增型、中间型和递减型。递增型的隶属度伴随着指标值的增加而增加，递减型的隶属度伴随着指标值的增加而减小，中间型的隶属度在某个指标监测值最高，小于或大于这个监测值时分别呈现出递增型和递减型变化。由于采用的指标众多，本书对 3 种曲线变化的具体形式不作深入分析，仅采用简单的直线函数代表（图 3-1）（吝涛，2007）。

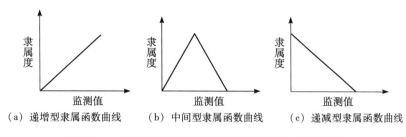

图3-1 生态系统评价中使用的三种简单隶属函数曲线

注：曲线的起点不一定要从原点开始

在使用模型中须事先确定各个模型的参数，以此选取拟合模型的 2 个或 3 个确定点。对递增函数和递减函数需要两个确定点 X_1、X_2 及对应的隶属度 L_1、L_2，对中间函数需三个确定点：中间转折点 X_m（隶属度最高，等于 1.0），以及递增和递减曲线上各一点 X_1、X_2 及其对应的隶属度 L_1、L_2。对点 X_1、X_2 和 X_m 对应的隶属度，可以参照指标监测值与评价值之间的相关关系，结合相关国家标准、技术规范或专家意见事先确定。

需要注意的是，确定点一般取靠近目标监测值上下附近的点，这样可以有效地将所求指标的隶属度控制在模型拟合较好的范围内。例如，由图3-2可知，点 A、B 确定的拟合曲线要明显比点 A、C 确定的拟合曲线所求出的 D 点隶属度要接近实际曲线的隶属度。

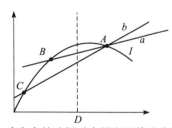

图3-2 确定点的选择对隶属度评估准确性的影响

注：I 曲线为真实隶属度变化曲线，a 和 b 为拟合曲线，其中 A、B 和 C 为事先选定的 3 个确定点

二、隶属度函数方程

递增型函数的表达方程：

$$L = L_1 + \frac{X - X_1}{X_2 - X_1} \times (L_2 - L_1) \tag{3-1}$$

式中，L——该生态指标的隶属度；

X——该生态指标的监测值；

L_1——点 L_1 对应的隶属度；

L_2——点 L_2 的隶属度；

X_1——点 L_1 对应的生态指标值；

X_2——点 L_2 对应的生态指标值；

$X_1 < X_2$；$L_1 < L_2$

递减型函数的表达方程：

$$L = L_2 + \frac{X - X_2}{X_1 - X_2} \times (L_1 - L_2) \tag{3-2}$$

式中，L——该生态指标的隶属度；

X——该生态指标的监测值；

L_1——点 L_1 对应的隶属度；

L_2——点 L_2 的隶属度；

X_1——点 L_1 对应的生态指标值；

X_2——点 L_2 对应的生态指标值；

$X_1 < X_2$；$L_1 > L_2$

中间型函数的表达方程：

$$\begin{cases} L = L_1 + \dfrac{X - X_1}{X_m - X_1} \times (L_m - L_1) & (X < X_m) \\[2mm] L = 1 & (X = X_m) \\[2mm] L = L_2 + \dfrac{X - X_2}{X_m - X_2} \times (L_m - L_1) & (X > X_m) \end{cases} \tag{3-3}$$

式中，L——该生态指标的隶属度；

X——该生态指标的监测值；

L_m——点 M 对应的隶属度；

L_1——点 L_1 对应的隶属度；

L_2——点 L_2 的隶属度；

X_m——点 M 对应的生态指标值；

X_1——点 L_1 对应的生态指标值；

X_2——点 L_2 对应的生态指标值；

$X_1 < X_m < X_2$；$L_m > L_2$，L_1。

三、环境质量指标隶属度

环境质量指标为递减型隶属度函数，对《海水水质标准（GB 3097—1997）》、《海洋沉积物质量（GB 18668—2002）》的不同等级的上下限值（作为确定点）确定隶属度，并与评价描述标准建立对应关系。对仅有上限值的等级，以上限值的 1/2 作为最高隶属度（1）对应的确定点，监测值超出此范围的其隶属度均规定为 1；对仅有下限值的等级，以下限值的 2 倍值作为最低隶属度（0）对应的确定点，监测值超出此范围的其隶属度均规定为 0，详见表 3-3。

表 3-3 环境质量指标评价标准及其确定点隶属度

指标		单位	$X_1 \sim X_2$				
沉积物环境质量	有机碳	$\times 10^{-2}$	4～8	3.5～4	3～3.5	2～3	1～2
	硫化物	$\times 10^{-6}$	600～1200	550～600	500～550	300～500	150～300
	石油类	$\times 10^{-6}$	1500～3000	1250～1500	1000～1250	500～1000	250～500
海水水质环境质量	COD	毫克/升	5～10	4～5	3～4	2～3	1～2
	无机氮	毫克/升	0.5～1	0.4～0.5	0.3～0.4	0.2～0.3	0.1～0.2
	活性磷酸盐	毫克/升	0.045～0.09	0.03～0.045	0.0225～0.03	0.015～0.0225	0.0075～0.015
	石油类	毫克/升	0.5～1	0.3～0.5	0.175～0.3	0.05～0.175	0.025～0.05
评价描述			隶属度 $L_1 \sim L_2$				
			0.2～0	0.4～0.2	0.6～0.4	0.8～0.6	1～0.8
			很差	差	一般	良	优

四、生物多样性指标隶属度

生物多样性指数统一采用香农-威弗多样性指数（Shannon-Weaver index），

其计算公式为

$$H' = - \sum_{i=1}^{s} P_i \log_2 P_i \qquad (3\text{-}4)$$

式中，H'——多样性指数；

　　　P_i——第 i 种的个数与该样方总个数之比值；

　　　S——样方种数。

生物多样性指标为递增型隶属度函数。生物多样性指数 $H' < 1$ 时表示水体重污染；$H' = 1 \sim 3$ 时表示水体中度污染，其中当 $1 \leqslant H' < 2$ 时表示 α-中度污染（重中污染），$2 \leqslant H' < 3$ 时表示 β-中度污染（轻中污染）；$H' \geqslant 3$ 时表示水体轻度污染至无污染（孔繁翔，2003）。本书根据上述划分依据对生物多样性指标进行分级打分，其中将 $H' \geqslant 3$ 的范围分为 $3 \leqslant H' < 3.5$ 和 $3.5 \leqslant H' \leqslant 4$ 两部分，分别代表轻度污染和无污染。监测值超出下限值和上限值，其隶属度分别规定为 0 和 1。详见表3-4。

表3-4　生物多样性指标评价标准及其确定点隶属度

指标	单位	$X_1 \sim X_2$				
潮间带底栖生物多样性	无量纲	0.5～1	1～2	2～3	3～3.5	3.5～4
浮游植物生物多样性	无量纲	0.5～1	1～2	2～3	3～3.5	3.5～4
浮游动物生物多样性	无量纲	0.5～1	1～2	2～3	3～3.5	3.5～4
浅海底栖生物多样性	无量纲	0.5～1	1～2	2～3	3～3.5	3.5～4
评价描述		隶属度 $L_1 \sim L_2$				
		0～0.2	0.2～0.4	0.4～0.6	0.6～0.8	0.8～1
		很差	差	一般	良	优

五、其他指标

其他指标评价标准及其确定点隶属度详见表3-5和表3-6。

表3-5　其他指标评价标准及其确定点隶属度

指标	单位	$X_1 \sim X_2$				
植被覆盖率	%	0～20	20～40	40～60	60～80	80～100
自然性指数	%	0～20	20～40	40～60	60～80	80～100

续表

指标	单位	$X_1 \sim X_2$				
评价描述		隶属度 $L_1 \sim L_2$				
		0～0.2	0.2～0.4	0.4～0.6	0.6～0.8	0.8～1
		很差	差	一般	良	优

表3-6 其他指标评价标准及其确定点隶属度

指标	潮间带底质类型	年均降水量	年均风速	赤潮发生次数	台风次数	斑块密度指数	岛陆坡度
单位	种	毫米	米/秒	次	次	个/千米²	度
$X_1 \sim X_2$	1～5	1101.0～1329.1	7.7～3.2	2～0	9～0	98.7～6.8	23.5～3.7
$L_1 \sim L_2$	0.2～1	0.4～0.8	0.4～0.8	0.6～1	0.4～1	0.2～0.8	0.4～0.9

1. 植被覆盖率

递增型隶属度函数：将植被覆盖率研究域0～100%五等分，分别对应评价的5个等级，植被覆盖率100%的隶属度为1，植被覆盖率0的隶属度为0。

2. 潮间带底质类型数

递增型隶属度函数：根据福建"908专项"海岛调查，海岛潮间带底质类型分为5种，海岛具有5种底质类型为最优，隶属度为1，海岛只有1种底质类型为差，赋予隶属度为0.2。

3. 岛陆平均坡度

递减型隶属度函数：典型海岛中坡度最小的小嵛岛（3.7度）赋予隶属度0.9，坡度最大的岗屿（23.5度）赋予隶属度0.4。

4. 自然性指数

自然性是指海岛自然景观的面积之和占海岛面积的比例。计算公式为

$$N = \frac{\sum A_n}{A} \tag{3-5}$$

式中，N——海岛景观的自然性；

A_n——自然景观的面积之和；

A——海岛面积。

隶属度计算采用递增型隶属度函数。将自然性指数研究域0～100%五等分，分别对应评价的5个层级。

5. 斑块密度指数

斑块密度指数为景观区内斑块个数与面积的比值,是景观破碎化常用的评价指标之一。斑块密度越大表明破碎化程度越高。

$$PD = \frac{\sum N}{A} \tag{3-6}$$

式中,PD——斑块密度指数;

$\sum N$——斑块总数;

A——景观总面积。

景观破碎化是指由自然或人为因素导致景观由简单趋向于复杂的过程,即景观由单一、均质和连续的整体趋向于复杂和不连续的斑块镶嵌体的过程。景观破碎化引起斑块数目、形状和内部生态环境的变化,引发外来物种入侵、改变生态系统结构、影响物质循环、降低生物多样性等问题,被认为是许多物种濒临灭绝、生物多样性下降的主要原因之一,反映了人类活动对景观影响的强弱程度。因此,采用斑块密度指数来表示景观破碎化程度可以选递减型隶属度函数来计算其生态系统优劣隶属度。典型海岛中斑块密度指数最小的西屿(6.93 个/千米²)赋予隶属度0.8,斑块密度指数最大的岗屿(98.40 个/千米²)赋予隶属度0.2。

6. 年均降水量

从理论上而言,过多和过少的降水量都不利于海岛生态系统,属于中间型隶属度函数范畴。但是,福建海岛地区年平均降水量仅 1000～1200 毫米,比同纬度海岸地区少300～400毫米,比福建内陆少800～1000毫米,是福建的少雨区,海岛水资源十分匮乏。因此,可以认为在海岛地区基本不存在年均降水量过大而不利于海岛生态系统的问题,年均降水量的增加有利于海岛生态系统。基于此实际情况,年均降水量指标可以选取中间型隶属度函数的递增段:设全省各区市所辖海岛最高年均降水量1329.1毫米(莆田市海岛年均降水量,1971～2000年),其生态系统优劣隶属度为0.8;最低年均降水量1101.0毫米(泉州市海岛年均降水量,1971～2000年),其生态系统优劣隶属度为0.4。

7. 年均风速

理论上，过大和过小的风速都不利于海岛生态系统，属于中间型隶属度函数范畴。但是，福建海岛受东北信风和东北季风叠加，受台湾海峡"颈束"地形的影响，风向稳定，风力强劲；过大的风力造成海岛泥沙流失，加上风力对植被的物理破坏，不利于植被生长，因此福建海岛迎风面往往植被稀疏，且植被类型以草丛为主，少见乔木林。基于此实际情况，本书年均风速这一指标可以选择中间型隶属度函数的递减段：全省各设区市所辖海岛最小风速年均3.2米/秒（厦门市海岛年均风速，1971~2000年），隶属度为0.8；最大风速年均7.7米/秒（宁德市海岛年均风速，1967~2001年），隶属度为0.4。

8. 赤潮发生次数

递减型隶属度函数。通过对比2005~2009年赤潮发生次数，结合参考文献和专家意见，以没有赤潮发生为最优，赋予隶属度1；各典型海岛发生赤潮最多次数以2次为一般，赋予隶属度0.6。

9. 台风灾害次数

递减型隶属度函数：以台风10级风圈为统计范围，即海岛在台风10级风圈范围内统计为1次，通过对比2005~2009年各海岛台风灾害次数，结合专家意见，以没有台风灾害发生为最优，赋予隶属度1；以典型海岛发生台风灾害次数9次为差，赋予隶属度0.4。

第四节　指标权重的确定

各评价指标的权重是科学表达评价结果的关键。不同评价指标对目标层的贡献大小不一，这种评价指标对被评价对象影响程度的大小，称为评价指标的权重，它反映各评价指标属性值的差异程度和可靠程度。目前，确定权重的方法主要有主观赋权法、客观赋权法及两者结合的综合赋权法三类。为了使指标权重更具客观性和准确性，本书对三种赋权方法得到的评价结果进行互相验证，以保证评价方法的可靠性。主观赋权法选取层次分析法进行权重赋值，在专家打分的基础上，根据层次分析法 1～9 标度对各指标间的重要性进行量化；客观赋权法应用改进的熵值法进行量化估算；综合法则以客观赋权法求得的修正系数对主观赋权法确定的权重结果进行修正。

一、主观赋权法

1. 建立层次结构模型

利用层次分析法（AHP）进行系统分析，首先要将所包含的因素分组，每一组作为一个层次，按照最高层、中间层和最底层的形式排列起来。其中，最高层表示解决问题的目的，即海岛生态系统状态；中间层表示采用某些要素来实现目标所需要的中间环节；最底层则是操作指标，即海岛生态系统监测指标（图 3-3）。

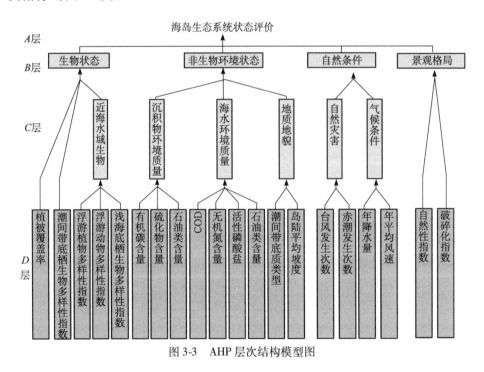

图 3-3　AHP 层次结构模型图

2. 构造判断矩阵并求最大特征根和特征向量

建立判断矩阵是自上而下计算某一层次各因素对上一层某个因素的相对权

重，分别构造出 $A \sim B$、$B \sim C$、$C \sim D$ 判断矩阵。判断矩阵的数值是根据数据资料、专家意见，标度为 $1 \sim 9$，对重要判断结果进行量化（表3-7）。

表3-7 判断矩阵标度及其含义

重要性等级	C_{ij} * 赋值
i, j 两元素同等重要	1
i 元素比 j 元素稍重要	3
i 元素比 j 元素明显重要	5
i 元素比 j 元素强烈重要	7
i 元素比 j 元素极端重要	9
i 元素比 j 元素稍不重要	1/3
i 元素比 j 元素明显不重要	1/5
i 元素比 j 元素强烈不重要	1/7
i 元素比 j 元素极端不重要	1/9

注：C_{ij} = {2，4，6，8，1/2，1/4，1/6，1/8} 表示重要性等级介于 C_{ij} = {1，3，5，7，9，1/3，1/5，1/7，1/9}。这些数字是根据人们进行定性分析的直觉和判断力而确定的

判断矩阵的最大特征值和特征向量采用几何平均近似法计算。其计算步骤如下。

1）计算判断矩阵每一行元素的乘积 M_i

$$M_i = \prod_{j=1}^{n} a_{ij} \ (i=1，2，\cdots，n) \tag{3-7}$$

2）计算 M_i 的 n 次方根 $\overline{W}_i$

$$\overline{W}_i = \sqrt[n]{M_i} \tag{3-8}$$

对向量 $\overline{W} = \left[\overline{W}_1，\overline{W}_2，\cdots，\overline{W}_n\right]^{\mathrm{T}}$ 正规化

$$W_i = \frac{\overline{W}_i}{\sum\limits_{j=1}^{n} \overline{W}_j} \ (j=1，2，\cdots，n) \tag{3-9}$$

3）计算判断矩阵的最大特征根 $\lambda_{\max}$

$$\lambda_{\max} = \sum_{i=1}^{n} \frac{(AW')_i}{nW_i'} \tag{3-10}$$

式中，$(AW')_i$——向量 AW' 的第 i 个元素。

3. 计算判断矩阵的一致性检验

为检验矩阵的一致性，定义 $CI = \frac{\lambda_{max} - n}{n-1}$。当完全一致时，$CI = 0$。CI 越大，矩阵的一致性越差。对 $1 \sim 9$ 阶矩阵，平均随机一致性指标 RI（表3-8）。

表3-8　平均随机一致性指标

阶数	1	2	3	4	5	6	7	8	9
RI	0	0	0.58	0.90	1.12	1.24	1.32	1.41	1.45

当阶数≤2时，矩阵总有完全一致性；当阶数>2时，$CR = \frac{CI}{RI}$ 称为矩阵的随机一致性比例。当 CR<0.10 或在 0.10 左右时，矩阵具有满意的一致性，否则需要重新调整矩阵。

4. 层次总排序

计算 C 层和 D 层对 A 层的相对重要性排序权值，实际上是层次排序权值的加权组合，具体计算方法如表3-9所示（以 C 层对 A 层的总排序权重为例）。

表3-9　层次总排序

层次 C ＼ 层次 B	B_1, B_2, $\cdots$, B_n b_1, b_2, $\cdots$, b_n	C 层对 A 层的总排序值
C_1	c_{11}, c_{12}, $\cdots$, c_{1n}	$\sum_{i=1}^{n} b_i c_{1i}$
C_2	c_{21}, c_{22}, $\cdots$, c_{2n}	$\sum_{i=1}^{n} b_i c_{2i}$
$\vdots$	$\vdots$	$\vdots$
C_m	c_{m1}, c_{m2}, $\cdots$, c_{mn}	$\sum_{i=1}^{n} b_i c_{mi}$

表3-9中，B_1, B_2, $\cdots$, B_n 和 C_1, $C_2 \cdots$, C_m 表示 B 层和 C 层的指标，b_1, b_2, $\cdots$, b_n 是 B 层对 A 层的排序权值，c_{11}, c_{12}, $\cdots$, c_{mn} 是 C 层对 B 层的单排序权值。层次总排序仍需要一致性检验，根据公式计算 C 层和 D 层对于 A 层的权值。

5. 评价指标主观权重确定

根据上述的层次分析法，检验各层次之间矩阵的一致性，最终计算各指标的权重，计算结果见表3-10 ~ 表3-20。

（1）$A \sim B$ 层判断矩阵

表 3-10 海岛生态系统状态各因子判断矩阵

	生物状态	非生物环境状态	景观格局	自然条件	W_i
生物状态	1.0000	1.0000	4.0000	3.0000	0.3945
非生物环境状态	1.0000	1.0000	3.0000	3.0000	0.3671
景观格局	0.2500	0.3333	1.0000	2.0000	0.1354
自然条件	0.3333	0.3333	0.5000	1.0000	0.1029

注：判断矩阵一致性比例为 0.0361；对总目标的权重为 1.0000

（2）$B \sim C$ 层判断矩阵

C 层部分指标如岛陆生物、潮间带底栖生物、自然性和破碎化等在 D 层指标中仅有唯一指标与其对应，因此这些指标建立的 $B \sim C$ 层判断矩阵实为 $B \sim D$ 层判断矩阵。

表 3-11 生物状态各因子判断矩阵

	近海海域生物	潮间带底栖生物（多样性）	岛陆生物（植被覆盖率）	W_i
近海海域生物	1.0000	1.0000	0.5000	0.2500
潮间带底栖生物（多样性）	1.0000	1.0000	0.5000	0.2500
岛陆生物（植被覆盖率）	2.0000	2.0000	1.0000	0.5000

注：判断矩阵一致性比例为 0.0000；对总目标的权重为 0.3945

表 3-12 非生物环境状态各因子判断矩阵

	沉积物环境质量	海水环境质量	地质地貌	W_i
沉积物环境质量	1.0000	0.5000	1.0000	0.2500
海水环境质量	2.0000	1.0000	2.0000	0.5000
地质地貌	1.0000	0.5000	1.0000	0.2500

注：判断矩阵一致性比例为 0.0000；对总目标的权重为 0.3671

表 3-13 景观格局各因子判断矩阵

	自然性（自然性指数）	破碎化（破碎化指数）	W_i
自然性（自然性指数）	1.0000	2.0000	0.6667
破碎化（破碎化指数）	0.5000	1.0000	0.3333

注：判断矩阵一致性比例为 0.0000；对总目标的权重为 0.1354

表 3-14 自然条件各因子判断矩阵

	气候条件	自然灾害	W_i
气候条件	1.0000	0.5000	0.3333
自然灾害	2.0000	1.0000	0.6667

注：判断矩阵一致性比例为 0.0000；对总目标的权重为 0.1029

（3）$C \sim D$ 层判断矩阵

表 3-15　近海海域生物

	浮游植物多样性	浮游动物多样性	浅海底栖生物多样性	W_i
浮游植物多样性指数	1.0000	1.0000	1.0000	0.3333
浮游动物多样性指数	1.0000	1.0000	1.0000	0.3333
浅海底栖生物多样性指数	1.0000	1.0000	1.0000	0.3333

注：判断矩阵一致性比例为 0.0000；对总目标的权重为 0.0986

表 3-16　沉积物环境质量

	有机碳含量	硫化物含量	石油类含量	W_i
有机碳含量	1.0000	2.0000	2.0000	0.5000
硫化物含量	0.5000	1.0000	1.0000	0.2500
石油类含量	0.5000	1.0000	1.0000	0.2500

注：判断矩阵一致性比例为 0.0000；对总目标的权重为 0.0918

表 3-17　海水环境质量

	COD	无机氮含量	活性磷酸盐	石油类含量	W_i
COD	1.0000	0.5000	0.5000	1.0000	0.1667
无机氮含量	2.0000	1.0000	1.0000	2.0000	0.3333
活性磷酸盐	2.0000	1.0000	1.0000	2.0000	0.3333
石油类含量	1.0000	0.5000	0.5000	1.0000	0.1667

注：判断矩阵一致性比例为 0.0000；对总目标的权重为 0.1836

表 3-18　地质地貌

	岛陆平均坡度	潮间带底质类型	W_i
岛陆平均坡度	1.0000	0.3333	0.2500
潮间带底质类型	3.0000	1.0000	0.7500

注：判断矩阵一致性比例为 0.0000；对总目标的权重为 0.0918

表 3-19　气候条件

	年均降水量	年平均风速	W_i
年均降水量	1.0000	1.0000	0.5000
年平均风速	1.0000	1.0000	0.5000

注：判断矩阵一致性比例为 0.0000；对总目标的权重为 0.0343

表 3-20　自然灾害

	赤潮发生次数	台风发生次数	W_i
赤潮发生次数	1.0000	3.0000	0.7500
台风发生次数	0.3333	1.0000	0.2500

注：判断矩阵一致性比例为 0.0000；对总目标的权重为 0.0686

（4）D 层指标总排序权重

根据上述方法计算，D 层各指标对目标层 A 层的总排序权重见表 3-21。

表 3-21 指标权重一览表

指标代码	指标	层次分析法	熵值法	综合法
D1	植被覆盖率	0.1973	0.0518	0.1907
D2	潮间带底栖生物多样性指数	0.0986	0.0470	0.0962
D3	浮游植物生物多样性指数	0.0329	0.0477	0.0336
D4	浮游动物生物多样性指数	0.0329	0.0460	0.0335
D5	浅海底栖生物多样性指数	0.0329	0.0476	0.0336
D6	沉积物有机碳	0.0459	0.0566	0.0464
D7	沉积物硫化物	0.0229	0.0565	0.0244
D8	沉积物石油类	0.0229	0.0565	0.0244
D9	海水中 COD	0.0306	0.0511	0.0315
D10	海水中无机氮	0.0612	0.0476	0.0606
D11	海水中活性磷酸盐	0.0612	0.0498	0.0607
D12	海水中石油类	0.0306	0.0566	0.0318
D13	潮间带底质类型数	0.0688	0.0467	0.0678
D14	岛陆平均坡度	0.0229	0.0470	0.0240
D15	自然性指数	0.0903	0.0500	0.0885
D16	斑块密度指数	0.0451	0.0542	0.0455
D17	年均降水量	0.0172	0.0475	0.0186
D18	年均风速	0.0172	0.0461	0.0185
D19	赤潮发生次数	0.0515	0.0497	0.0514
D20	台风灾害次数	0.0172	0.0442	0.0184

二、客观赋权法

指标体系的客观权重赋值法主要依靠指标的基础数据，通过模型分析计算各指标的重要性。常见的有主成分分析法、因子分析法、熵值法等。主成分分析法和因子分析法均是对原变量进行了简化，减少评价指标维数，使少数几个综合因子能尽可能地反映原来变量的信息量，但其计算过程比较复杂；熵值法虽然不能减少评价指标维数，但计算过程相对简单，与另外两种方法相比，标准化法处理后的熵值法评价结果更为合理（郭显光，1998）。熵值法普遍应用于经济领域，近年来也逐渐应用于水资源（高波，2007）、水安全（张先起和刘慧卿，2006）、水环境质量（金菊良等，2007）、港口资源（朱庆林和郭佩芳，2005）综合评价等相关领域，均得到了合理的评价结果。本书采用了改进熵值法进行客观赋权。

1. 熵值法的基本原理

在信息论中，信息熵是一种系统无序程度的度量，它还可以度量数据所提供的有效信息量。假设在海岛生态系统状态评价中有 n 项评价指标、m 个评价对象，而形成原始数据矩阵：$X = (x_{ij})_{m \times n}$，若指标值 x_{ij} 差异越大，则说明该项指标在评价指标体系中所起的作用也越大；如果某一项指标值全部相等，则该指标在评价指标体系中不起作用。在信息理论中，常用函数 $H(x) = -\sum p(x_j) \ln p(x_j)$ 来度量系统无序程度，$H(x)$ 为信息熵，系统的无序程度和有序程度的度量两者绝对值相等，正负相反。如果某一项指标值变异性越大，这系统信息无序程度就越高，信息熵就越小，该指标提供的信息量越大，该项指标权重也相应越大；反之越小（郭显光，1998）。

2. 熵值法的计算步骤

假如待评价的指标值出现负值时，不能直接计算比重，也不能对其取对数，而为保证数据的完整性，需对指标数据进行变换，即对熵值法进行一些必要的改进。功效系数法和标准化法是对熵值进行改进的两种方法，相比之下，标准化法变换不需要加入任何主观信息，并有利于缩小极端值对综合评价的影响（郭显光，1998）。因此，本书采用标准化法改进后的熵值法进行海岛生态系统状态评价指标权重赋值，具体步骤如下：

数据矩阵：$X = (x_{ij})_{m \times n}$，其中 $i = m$ 个评价对象，$j = n$ 项评价指标。

（1）指标标准化变换

$$S_{ij} = \frac{x_{ij} - \overline{x_j}}{\sigma_j},$$

式中，$\overline{x_j}$——第 j 项指标的平均值；

σ_j——第 j 项指标的标准差：

$$\sigma_j = \sqrt{\frac{\sum\limits_{i=1}^{m}(x_{ij} - \overline{x_j})^2}{m-1}} \tag{3-11}$$

消除负值：应用坐标平移，将指标 S_{ij} 经过坐标平移后成为 S'_{ij}，即 $S'_{ij}=S_{ij}+Z$。其中，Z 为坐标平移的弧度，根据实际数据取值，一般介于 $1 \sim 5$。

（2）计算指标比重

$$p_{ij} = \frac{S'_{ij}}{\sum\limits_{i=1}^{m} S'_{ij}} \tag{3-12}$$

（3）计算第 j 项指标的改进熵值

$$e_j = -k \sum\limits_{i=1}^{m} p_{ij}\ln(p_{ij}) \tag{3-13}$$

式中，$k>0$，$e_j \geqslant 0$。如果给定的某一指标的指标值都相等，则 $p_{ij}=\frac{1}{m}$，此时 e_j 取极大值，即 $e_j=k\ln m$。若假设 $k=\frac{1}{\ln m}$，则 $(e_j)_{max}=1$，因此有 $0 \leqslant e_j \leqslant 1$。

（4）计算指标值的差异性系数 g_j

当各区域的指标值差异性越小，e_j 就越趋近于 1；当各区域的指标值都相等时，$e_j=1$。定义差异系数 $g_j=1-e_j$。

（5）指标值确定

第 j 项指标权重值 $a_j = \dfrac{g_j}{\sum\limits_{j=1}^{n} g_j}$。

在具有多层指标的指标体系中，根据熵值的可加性，可以直接应用下一层的指标效用值 g_j，按比例确定对应上层结构的权重数值。下一层指标的效应值求和记为 G_k（$k=1,2,\cdots,5$），然后进一步得到上一层的指标效用值的综合 $G = \sum\limits_{k=1}^{5} G_k$。因此，相应影响因素层的指标类权重为 $A_j = \dfrac{G_k}{G}$。

熵值法得到的指标权重如表 3-21 所示。

三、综合赋权法

本书综合权重的确定应用高波（2007）的研究方法进行计算，结果见表 3-22。

$$W = （1-t） \times W_\omega + t W_\alpha \tag{3-14}$$

式中，W_ω——专家打分法确定的主观权重；

W_α——熵值法确定的客观权重；

t——修正系数。t 值为熵值法确定的指标权重值的差异程度，计算如下：$t = R_{EN} \times n / （n-1）$。其中，$R_{EN}$ 为熵值法确定的指标值的差异程度系数，计算公式如下：$R_{EN} = \dfrac{2}{n}（1 \times p_1 + 2 \times p_2 + \cdots + n \times p_n）- \dfrac{n+1}{n}$ 其中，n 为指标个数；p_1，p_2，$\cdots$，p_n 为熵值法确定的权重从小到大的排列。

根据上述方法得到综合法确定的指标权重如表 3-21 所示。

第五节　评价计算模型

根据指标值标准化和权重的矩阵，可计算得各海岛的生态系统状态综合评价得分：

$$（V_1, V_2, \cdots, V_n）=（w_1, w_2, \cdots, w_n）\times \begin{pmatrix} s_{11}, & s_{12}, & \cdots, & s_{1n} \\ s_{21}, & s_{22}, & \cdots, & s_{2n} \\ & & \cdots & \\ s_{m1}, & s_{m2}, & \cdots, & s_{mn} \end{pmatrix} \tag{3-15}$$

式中，V_n——评价目标值；

w_m——各项指标权重；

s_{mn}——指标标准化结果；

m——评价指标项数;

n——评价海岛数,或同一海岛的不同评价时段数。

根据以上的综合评价计算公式,海岛生态系统状态评价结果将在 0~1,本书将生态系统状况评价结果分为五等级(肖佳媚,2007),具体见表 3-22。

表 3-22 海岛生态系统状态评价等级

级别	变化值	描述
优	$1 \leqslant \nu_i < 0.8$	环境质量优越,基本未受到污染;生物多样性高,特有物种或关键物种保有较好,生物种群结构种类变化不大,生态系统稳定,生态功能完善;自然性高,异质性低,景观破碎化小。
良	$0.8 \leqslant \nu_i < 0.6$	环境质量较好,受到轻微污染;生物多样性较高,特有物种或关键物种保有较好,生物类群结构种类受到一定干扰,生态系统较稳定,生态功能较完善;自然性较高,异质性较低,景观破碎化较小。
一般	$0.6 \leqslant \nu_i < 0.4$	环境质量中等,已经受到一定的污染;生物多样性一般,特有物种或关键物种有一定的减少,生物类群结构种类受到了干扰,生态系统尚稳定,生态功能尚完善;自然性中等,异质性一般,景观破碎化不高。
差	$0.4 \leqslant \nu_i < 0.2$	环境质量较差,已经受到了一定程度的污染;生物多样性较低,特有物种或关键物种较大程度的减少,生物类群结构种类受到了严重干扰,生态系统不稳定,生态功能受损;自然性较低,异质性较高,景观破碎化较高。
很差	$0.2 \leqslant \nu_i < 0$	环境质量恶劣,已经受到了严重的污染;生物多样性很低,特有物种或关键物种急剧减少或濒临灭绝,生物类群结构种类受到了严重干扰,生态系统极不稳定,生态功能严重受损;自然性较低,异质性高,景观破碎化高。

第四章

典型海岛生态系统状态评价

<h1 style="text-align: center;">第一节　六　　屿^①</h1>

一、评价范围

以六屿周围海域水下地形转折处为界，六屿评价范围包括 21.00 公顷的岛陆及其周围面积 221.59 公顷的海域，详见图 4-1。

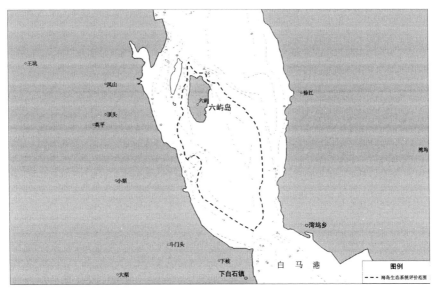

图 4-1　六屿评价范围示意图

二、生物状态

1. 岛陆生物

植被覆盖率：六屿的植被类型主要是针叶林和草本栽培植被，植被覆盖率

---

① 如无特别说明本节的评价指标监测数据均来自福建"908 专项"海岛调查成果，本章余同。

高达 82.52%，详见表 4-1。根据隶属度函数计算得出六屿植被覆盖率指标对应的生态隶属度为 0.83，生态等级为优。

表 4-1 六屿植被类型的面积及所占比例

植被类型	斑块数/个	植被面积/公顷	所占比例/%
针叶林	2	13.01	75.1
草本栽培植被	1	4.32	24.9

2. 潮间带生物[①]

潮间带底栖生物：六屿潮间带底栖生物种类有 7 种，种类并不丰富。潮间带底栖生物量较低，为 2.86 克/米^2，栖息密度为 132 个/米^2。潮间带底栖生物多样性指数为 0.91，根据隶属度函数计算得出六屿潮间带底栖生物对应的生态隶属度为 0.16，生态等级为很差，表明六屿潮间带底栖生物多样性水平低。

3. 近海海域生物[①]

1）浮游植物：六屿周边海域浮游植物种类 11 种，细胞数量为 1.65×10^5 个/米^3，优势种为中肋骨条藻占 89.7%。浮游植物生物多样性指数为 0.68，根据隶属度函数计算得出六屿浮游植物对应的生态隶属度为 0.07，生态等级为很差，表明六屿浮游植物生物多样性水平过低。

2）浮游动物：六屿周边海域浮游动物的种类数为 15 种，主要有藤壶无节幼虫、小拟哲水蚤、虫肢歪水蚤和异体住囊虫。浮游动物生物量为 195.5 毫克/米^3，密度为 2680 个/米^3。浮游动物生物多样性指数为 3.05，根据隶属度函数计算得出六屿浮游动物对应的生态隶属度为 0.62，生态等级为良。

3）浅海底栖生物：六屿周边海域浅海底栖生物生物多样性指数为 0.89，根据隶属度函数计算得出六屿浅海底栖生物对应的生态隶属度为 0.16，生态等级为很差，表明六屿浅海底栖生物多样性水平过低。

---

① 监测数据参见《福安市诚丰造船有限公司海域使用论证报告》，2007 年。

三、非生物环境状态

1. 海水环境质量[①]

六屿周围海域 COD 含量为 1.08 毫克/升，石油类含量为 0.014 毫克/升，符合国家海水水质第一类标准，活性磷酸盐含量为 0.023 毫克/升，符合国家海水水质第二类标准，无机氮含量为 0.5 毫克/升，符合国家海水水质第四类标准。总的来说，海水水质除了无机氮含量超过二类海水水质标准外，其他均符合二类标准。

根据隶属度函数计算可得六屿海水环境质量中 COD、无机氮、活性磷酸盐和石油类含量的生态隶属度分别为 0.98、0.20、0.59 和 1.00，生态等级分别为优、差、一般和优。

2. 沉积物环境质量[①]

六屿周围海域沉积物有机碳含量为 1.31%，符合国家海洋沉积物质量第一类标准；硫化物含量为 589.3×10^{-6}，符合国家海洋沉积物质量第三类标准；石油类含量为 2856.3×10^{-6}，超过国家国家海洋沉积物质量第三类标准。总体而言，六屿周围海域沉积物环境质量较差。

根据隶属度函数计算可得六屿周围海域沉积物中有机碳、硫化物和石油类含量对应的生态隶属度分别为 0.94、0.24 和 0.02，生态等级分别为优、差和很差。

3. 地质地貌

1）潮间带底质类型数：六屿潮间带只有丛草滩一种类型，说明其能提供给各种生物栖息的环境较为单一。根据隶属度函数计算可得六屿潮间带底质类型数对应的生态隶属度为 0.20，生态等级为很差。

2）岛陆平均坡度：六屿的岛陆平均坡度为 5 度，根据隶属度函数计算可得六屿岛陆平均坡度对应的生态隶属度为 0.87，说明其地形较好地支撑了海岛的水土保持，生态等级为优。

---

① 监测数据参见《福安市诚丰造船有限公司海域使用论证报告》，2007 年。

四、景观格局

1. 自然性

自然性指数：六屿土地利用详见表4-2，其中林地和其他土地为自然景观。六屿总面积为21.00公顷，自然景观面积为13.80公顷，海岛自然性指数为0.66。根据隶属度函数计算可得六屿自然性指数的生态隶属度为0.66，生态等级为良。

表4-2　六屿各种土地利用面积及所占比例

序号	土地类型（一级类）	土地类型（二级类）	面积/公顷	所占比例/%
1	耕地	水田	4.30	20.6
2	林地	有林地	13.00	62.1
3	住宅用地	城镇住宅用地和农村宅基地	2.90	13.7
4	其他土地	裸地	0.80	3.6

2. 破碎化

斑块密度指数：六屿的斑块密度指数为38.10，根据隶属度函数计算可得六屿斑块密度指数的生态隶属度为0.59，生态等级为一般，说明六屿景观有一定程度的破碎化，已受到人类活动一定程度的影响。

五、自然条件

1. 气候条件

1）年均降水量：六屿多年平均降水量为1160.6毫米，根据隶属度函数计算可得六屿年均降水量的生态隶属度为0.50，生态等级为一般。

2）年均风速：六屿多年平均风速为7.7米/秒，根据隶属度函数计算可得六屿年均风速的生态隶属度为0.40，生态等级为差。

2. 自然灾害

1）台风次数：2005~2009年六屿附近海域受台风影响的次数为8次。根据隶属度函数计算可得六屿台风次数对应的生态隶属度为0.47，生态等级为一般。

2）赤潮发生次数：2005～2009 年六屿附近海域没有发生过赤潮，对应的生态隶属度为 1.00，生态等级为优。

六、评价结果

根据六屿生态系统状态评价指标的生态隶属度，按照层次分析法、熵值法和综合法确定的各指标权重来计算，三种方法得出的六屿生态系统状态评价综合得分分别为 0.56、0.53 和 0.56，三种评价方法的评价得分基本相似，表明六屿生态系统状态一般，详见表 4-3～表 4-5 和图 4-2、图 4-3。

评价结果显示，一级指标中生物状态的生态等级在差与一般之间。其中，岛陆植被覆盖率高，岛陆生物生态等级为优，而潮间带生物和近海海域生物的生态等级为很差和差，是六屿生态系统中的薄弱环节，应引起重视。六屿非生物环境状态的生态等级为一般，沉积物环境和海水环境已受到一定程度的污染，潮间带类型数单一，不能为各种生物提供丰富的栖息环境。景观格局的评价结果为良，说明六屿的景观斑块尚处较好的生态水平，但破碎化指标生态状态一般，说明六屿已受到一定程度的人类活动干扰。自然条件的评价结果为良，说明六屿所处自然条件较好，基本不会对六屿生态系统的稳定性产生明显的不利影响。总体而言，六屿岛陆的生态指标相对较好，而周围海域的生态指标较差，是今后生态环境管理的重点。

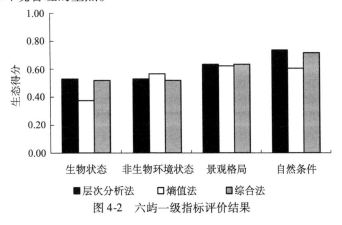

图 4-2　六屿一级指标评价结果

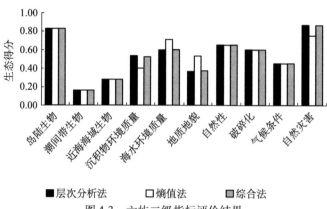

图 4-3　六屿二级指标评价结果

表 4-3　层次分析法评价结果

总指标	分值	一级指标	分值	二级指标	分值	三级指标	隶属度
六屿生态系统	0.56	生物状态	0.53	岛陆生物	0.83	植被覆盖率	0.83
				潮间带生物	0.16	潮间带底栖生物多样性指数	0.16
				近海海域生物	0.28	浮游植物生物多样性指数	0.07
						浮游动物生物多样性指数	0.62
						浅海底栖生物多样性指数	0.16
		非生物环境状态	0.52	沉积物环境质量	0.54	有机碳	0.94
						硫化物	0.24
						石油类	0.02
				海水环境质量	0.60	COD	0.98
						无机氮	0.20
						活性磷酸盐	0.59
						石油类	1.00
				地质地貌	0.37	海岛潮间带底质类型数	0.20
						岛陆平均坡度	0.87
		景观格局	0.64	自然性	0.66	自然性指数	0.66
				破碎化	0.59	破碎化指数	0.59
		自然条件	0.73	气候条件	0.45	年均降水量	0.50
						年平均风速	0.40
				自然灾害	0.87	赤潮发生次数	1.00
						台风发生次数	0.47

表4-4 熵值法评价结果

总指标	分值	一级指标	分值	二级指标	分值	三级指标	隶属度
六屿生态系统	0.53	生物状态	0.37	岛陆生物	0.83	植被覆盖率	0.83
				潮间带生物	0.16	潮间带底栖生物多样性指数	0.16
				近海海域生物	0.28	浮游植物生物多样性指数	0.07
						浮游动物生物多样性指数	0.62
						浅海底栖生物多样性指数	0.16
		非生物环境状态	0.56	沉积物环境质量	0.40	有机碳	0.94
						硫化物	0.24
						石油类	0.02
				海水环境质量	0.71	COD	0.98
						无机氮	0.20
						活性磷酸盐	0.59
						石油类	1.00
				地质地貌	0.53	海岛潮间带底质类型数	0.20
						岛陆平均坡度	0.87
		景观格局	0.62	自然性	0.66	自然性指数	0.66
				破碎化	0.59	破碎化指数	0.59
		自然条件	0.60	气候条件	0.45	年均降水量	0.50
						年平均风速	0.40
				自然灾害	0.75	赤潮发生次数	1.00
						台风发生次数	0.47

表4-5 综合法评价结果

总指标	分值	一级指标	分值	二级指标	分值	三级指标	隶属度
六屿生态系统	0.56	生物状态	0.52	岛陆生物	0.83	植被覆盖率	0.83
				潮间带生物	0.16	潮间带底栖生物多样性指数	0.16
				近海海域生物	0.28	浮游植物生物多样性指数	0.07
						浮游动物生物多样性指数	0.62
						浅海底栖生物多样性指数	0.16
		非生物环境状态	0.52	沉积物环境质量	0.52	有机碳	0.94
						硫化物	0.24
						石油类	0.02
				海水环境质量	0.60	COD	0.98
						无机氮	0.20
						活性磷酸盐	0.59
						石油类	1.00
				地质地貌	0.37	海岛潮间带底质类型数	0.20
						岛陆平均坡度	0.87
		景观格局	0.64	自然性	0.66	自然性指数	0.66
				破碎化	0.59	破碎化指数	0.59
		自然条件	0.72	气候条件	0.45	年均降水量	0.50
						年平均风速	0.40
				自然灾害	0.86	赤潮发生次数	1.00
						台风发生次数	0.47

第二节　东　安　岛

一、评价范围

以东安岛周围海域水下地形转折处为界，东安岛评价范围包括665.70公顷的岛陆及其周围面积1128.92公顷的海域，详见图4-4。

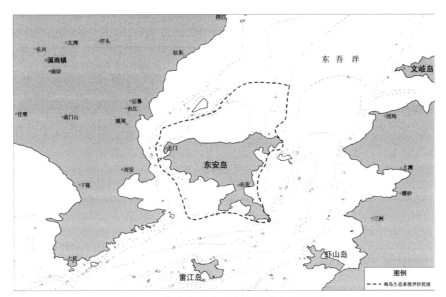

图4-4　东安岛生态系统评价范围示意图

二、生物状态

1. 岛陆生物

植被覆盖率：东安岛的植被类型有6种，包括针叶林、草本栽培植被、阔叶林、草丛、灌丛、木本栽培植被等，植被覆盖率高达96.48%，详见表4-6。

根据隶属度函数计算得出东安岛植被覆盖率指标对应的生态隶属度为0.96，生态等级为优。

表4-6　东安岛植被类型的面积及所占比例

植被类型	斑块数/个	植被面积/公顷	所占比例/%
木本栽培植被	9	5.41	0.8
灌丛	20	23.52	3.7
草丛	14	28.57	4.4
草本栽培植被	45	166.94	26.0
针叶林	14	289.98	45.2
阔叶林	22	127.82	19.9

2. 潮间带生物①

潮间带底栖生物：东安岛附近的潮间带底栖生物共有6类49种，其中甲壳类最多，共17种；其次是软体动物和脊索动物，分别有7种和3种。栖息密度范围在4~40个/米^2，底栖生物密度组成中甲壳动物占大多数，密度优势种是长足长方蟹、绯拟沼螺和泥螺。生物量范围在0.20~47.28克/米^2，以甲壳动物占大多数，生物量优势种是弹涂鱼、长足长方蟹、红螯相手蟹和圆球股窗蟹。东安岛的潮间带底栖生物多样性为2.30，根据隶属度函数计算得出东安岛潮间带底栖生物对应的生态隶属度为0.46，生态等级为一般。

3. 近海海域生物①

1）浮游植物：东安岛周边海域浮游植物种类有66种，主要为硅藻和甲藻两个门类。东安岛的浮游植物生物多样性指数为2.80，根据隶属度函数计算得出东安岛的浮游植物对应的生态隶属度为0.56，生态等级为一般。

2）浮游动物：东安岛周边海域浮游动物及浮游幼虫有53种，其中桡足类种类最多共18种，其次为浮游幼虫共17种，水母类5种，十足类、端足类各3

---

① 监测数据参见《霞浦县"海带、紫菜"系列水产品深加工项目围填海工程海域使用论证报告》，2008年。

种，毛颚类、介形类各 2 种，磷虾类、仔鱼、海洋昆虫各 1 种。东安岛浮游动物生物多样性指数为 3.36，根据隶属度函数计算得出东安岛浮游动物对应的生态隶属度为 0.74，生态等级为良。

3）浅海底栖生物：东安岛周边海域浅海底栖生物种类以多毛类最多。底栖生物的栖息密度平均值为 35.2 个/米^2，密度优势种是无眼特矶沙蚕、背蚓虫、薄倍棘蛇尾、薄云母蛤和似蛰虫。底栖生物的生物量平均值为 10.75 克/米^2，生物量组成中棘皮动物占大多数，生物量优势种是歪刺锚参、薄倍棘蛇尾。东安岛的浅海底栖生物生物多样性指数为 2.80，根据隶属度函数计算得出东安岛浅海底栖生物对应的生态隶属度为 0.56，生态等级为一般。

三、非生物环境状态

1. 海水环境质量[①]

东安岛周围海域 COD 含量为 1.17 毫克/升，无机氮含量为 0.18 毫克/升，石油类含量为 0.022 毫克/升，都符合国家海水水质第一类标准；活性磷酸盐含量为 0.024 毫克/升，符合国家海水水质第二类标准。总的来说，东安岛周围海域水质的指标都符合国家海水水质第二类标准，总体状况良好。

根据隶属度函数计算可得东安岛海水环境质量中 COD、无机氮、活性磷酸盐和石油类含量的生态隶属度分别为 0.97、0.84、0.55 和 1.00，生态等级分别为优、优、一般和优。

2. 沉积物环境质量[①]

东安岛周围海域沉积物中有机碳含量为 0.80%，硫化物含量为 55.3×10^{-6}，石油类含量为 16.2×10^{-6}，东安岛沉积物质量全部符合国家海洋沉积物质量第一类标准。

---

① 监测数据参见《霞浦县"海带、紫菜"系列水产品深加工项目围填海工程海域使用论证报告》，2008 年。

根据隶属度函数计算可得东安岛周围海域沉积物中有机碳、硫化物和石油类含量对应的生态隶属度均为 1.00，生态等级均为优。

3. 地质地貌

1）潮间带底质类型数：东安岛潮间带有岩石滩、沙滩和淤泥滩 3 种类型，能给各种生物提供较为多样的栖息环境。根据隶属度函数计算可得东安岛潮间带底质类型数对应的生态隶属度为 0.60，生态等级为一般。

2）岛陆平均坡度：东安岛的岛陆平均坡度为 18.6 度，根据隶属度函数计算可得东安岛岛陆平均坡度对应的生态隶属度为 0.52，生态等级为一般。

四、景观格局

1. 自然性

自然性指数：东安岛土地利用详见表 4-7，其中林地、草地和其他土地为自然景观。东安岛总面积为 665.70 公顷，自然景观面积为 471.20 公顷，海岛自然性指数为 0.71。根据隶属度函数计算可得东安岛自然性指数的生态隶属度为 0.71，生态等级为良。

表 4-7 东安岛各种土地利用面积及所占比例

序号	土地类型（一级类）	土地类型（二级类）	面积/公顷	所占比例/%
1	耕地	水田和旱地	167.0	25.1
	园地	果园	5.4	0.8
2	林地	有林地、灌木林地和其他林地	441.3	66.3
	草地	其他草地	28.6	4.3
3	住宅用地	城镇住宅用地和农村宅基地	19.0	2.9
4	交通用地	港口码头用地	0.2	0.0
5	水域及水利设施用地	内陆滩涂和坑塘水面	2.9	0.4
6	其他土地	裸地	1.3	0.2

2. 破碎化

斑块密度指数：东安岛的斑块密度指数为 22.83，根据隶属度函数计算可得东安岛斑块密度指数的生态隶属度为 0.70，生态等级为良。

五、自然条件

1. 气候条件

1）年均降水量：东安岛多年平均降水量为 1160.6 毫米，根据隶属度函数计算可得东安岛年均降水量的生态隶属度为 0.50，生态等级为一般。

2）年均风速：东安岛多年平均风速为 7.7 米/秒，根据隶属度函数计算可得东安岛年均风速的生态隶属度为 0.40，生态等级为差。

2. 自然灾害

1）台风次数：2005～2009 年东安岛附近海域受台风影响的次数为 9 次。根据隶属度函数计算可得东安岛台风次数对应的生态隶属度为 0.40，生态等级为差，说明台风给东安岛生态系统带来了较大的干扰。

2）赤潮发生次数：2005～2009 年东安岛附近海域没有发生过赤潮，对应的生态隶属度为 1.00，生态等级为优。

六、评价结果

根据东安岛生态系统评价指标的生态隶属度，按照层次分析法、熵值法和综合法确定的各指标权重来计算，三种方法得出的东安岛生态系统评价综合得分分别为 0.76、0.74 和 0.76，三种评价方法的评价得分基本相似，表明东安岛生态系统状态良好，详见表 4-8～表 4-10 和图 4-5、图 4-6。

评价结果显示，东安岛生物状态、非生物环境状态、景观格局和自然条件等一级指标的生态等级均为良。生物状态的指标中，岛陆植被覆盖率高，岛陆生物生态等级为优，近海海域生物生态等级为良，而潮间带生物的生态等级只有一般，是东安岛生物状态中相对较差的指标。非生物环境状态的指标中，沉积物环境质量和海水环境质量等指标的生态等级为优至良，环境质量较好，而地质地貌指标由于东安岛的整体地形坡度较高而处于一般的生态等级。景观格局的评价结果为良，说明其景观斑块尚处较好的水平，人类活动干扰程度相对较低。自然条件的评价结果为良，说明东安岛所处自然条件较好，基本不会对东安岛生态系统的稳定性产生明显的不利影响。总体而言，东安岛环境质量较好，生物多样性较高，特有物种或关键物种保有较好，生态系统较稳定，生态功能较完善；自然性较高，异质性较低，景观破碎化较小。

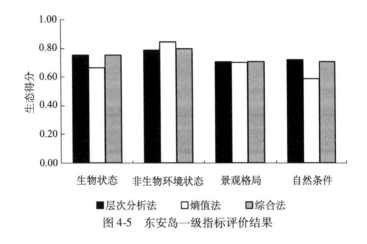

图 4-5 东安岛一级指标评价结果

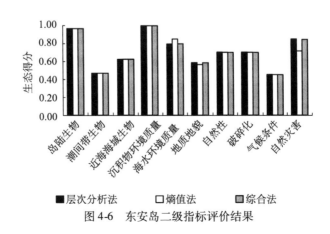

图 4-6 东安岛二级指标评价结果

表4-8 层次分析法评价结果

总指标	分值	一级指标	分值	二级指标	分值	三级指标	隶属度
东安岛生态系统	0.76	生物状态	0.75	岛陆生物	0.96	植被覆盖率	0.96
				潮间带生物	0.46	潮间带底栖生物多样性指数	0.46
				近海海域生物	0.62	浮游植物生物多样性指数	0.56
						浮游动物生物多样性指数	0.74
						浅海底栖生物多样性指数	0.56
		非生物环境状态	0.79	沉积物环境质量	1.00	有机碳	1.00
						硫化物	1.00
						石油类	1.00
				海水环境质量	0.79	COD	0.97
						无机氮	0.84
						活性磷酸盐	0.55
						石油类	1.00
				地质地貌	0.58	海岛潮间带底质类型数	0.60
						岛陆平均坡度	0.52
		景观格局	0.70	自然性	0.71	自然性指数	0.71
				破碎化	0.70	破碎化指数	0.70
		自然条件	0.72	气候条件	0.45	年均降水量	0.50
						年平均风速	0.40
				自然灾害	0.85	赤潮发生次数	1.00
						台风发生次数	0.40

表4-9 熵值法评价结果

总指标	分值	一级指标	分值	二级指标	分值	三级指标	隶属度
东安岛生态系统	0.74	生物状态	0.66	岛陆生物	0.96	植被覆盖率	0.96
				潮间带生物	0.46	潮间带底栖生物多样性指数	0.46
				近海海域生物	0.62	浮游植物生物多样性指数	0.56
						浮游动物生物多样性指数	0.74
						浅海底栖生物多样性指数	0.56
		非生物环境状态	0.84	沉积物环境质量	1.00	有机碳	1.00
						硫化物	1.00
						石油类	1.00
				海水环境质量	0.85	COD	0.97
						无机氮	0.84
						活性磷酸盐	0.55
						石油类	1.00
				地质地貌	0.56	海岛潮间带底质类型数	0.60
						岛陆平均坡度	0.52
		景观格局	0.70	自然性	0.71	自然性指数	0.71
				破碎化	0.70	破碎化指数	0.70
		自然条件	0.59	气候条件	0.45	年均降水量	0.50
						年平均风速	0.40
				自然灾害	0.72	赤潮发生次数	1.00
						台风发生次数	0.40

表 4-10 综合法评价结果

总指标	分值	一级指标	分值	二级指标	分值	三级指标	隶属度
东安岛生态系统	0.76	生物状态	0.75	岛陆生物	0.96	植被覆盖率	0.96
				潮间带生物	0.46	潮间带底栖生物多样性指数	0.46
				近海海域生物	0.62	浮游植物生物多样性指数	0.56
						浮游动物生物多样性指数	0.74
						浅海底栖生物多样性指数	0.56
		非生物环境状态	0.79	沉积物环境质量	1.00	有机碳	1.00
						硫化物	1.00
						石油类	1.00
				海水环境质量	0.79	COD	0.97
						无机氮	0.84
						活性磷酸盐	0.55
						石油类	1.00
				地质地貌	0.58	海岛潮间带底质类型数	0.60
						岛陆平均坡度	0.52
		景观格局	0.70	自然性	0.71	自然性指数	0.71
				破碎化	0.70	破碎化指数	0.70
		自然条件	0.71	气候条件	0.45	年均降水量	0.50
						年平均风速	0.40
				自然灾害	0.84	赤潮发生次数	1.00
						台风发生次数	0.40

第三节 岗 屿

一、评价范围

以岗屿周围海域水下地形转折处为界，岗屿评价范围包括 8.13 公顷的岛陆及其周围面积 102.17 公顷的海域，详见图 4-7。

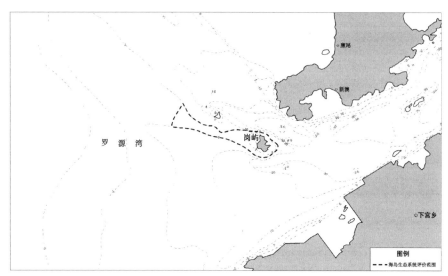

图 4-7　岗屿评价范围示意图

二、生物状态

1. 岛陆生物

植被覆盖率：岗屿属无居民海岛，岛上无常住人口，岛陆受人为活动干扰较少，保持着大片植被。岗屿的植被类型包括有林地和其他草地，植被覆盖率为 98.40%，详见表 4-11。根据隶属度函数计算得出岗屿植被覆盖率指标对应的生态隶属度为 0.98，生态等级为优。

表 4-11　岗屿植被类型的面积及所占比例

植被类型	斑块数	植被面积/公顷	所占比例/%
其他草地	1	5.50	68.8
有林地	7	2.50	31.2

2. 潮间带生物①

潮间带底栖生物：岗屿附近潮间带底栖生物种类有 91 种，种类丰富，以环节动物（多毛类）、节肢动物（甲壳动物）、软体动物为主。底栖生物的栖

① 监测数据参见《罗源湾海洋环境监测报告》，2009 年。

息密度为 190 个/米², 组成以多毛类占优势, 生物量为 12.02 克/米², 组成以软体动物占优势。岗屿潮间带底栖生物多样性指数为 2.77, 根据隶属度函数计算得出岗屿潮间带底栖生物对应的生态隶属度为 0.55, 生态等级为一般。

3. 近海海域生物

1) 浮游植物: 岗屿周边海域浮游植物生物多样性指数为 1.49, 根据隶属度函数计算得出岗屿浮游植物对应的生态隶属度为 0.26, 生态等级为差, 表明岗屿周围海域浮游植物生物多样性水平较低。

2) 浮游动物: 岗屿周边海域浮游动物生物多样性指数为 3.25, 根据隶属度函数计算得出岗屿浮游动物对应的生态隶属度为 0.70, 生态等级为良, 表明岗屿周围海域浮游动物群落物种较为丰富, 群落结构较为稳定。

3) 浅海底栖生物: 岗屿周边海域浅海底栖生物约 20 种, 生物多样性指数为 3.30, 按照隶属度函数计算方法得出岗屿浅海底栖生物对应的生态隶属度为 0.72, 生态等级为良, 表明岗屿浅海底栖生物多样性水平较高。

三、非生物环境状态

1. 海水环境质量

岗屿周围海域 COD 含量为 0.79 毫克/升, 无机氮含量为 0.16 毫克/升, 石油类含量为 0.010 毫克/升, 均符合国家海水水质第一类标准; 活性磷酸盐含量为 0.030 毫克/升, 符合国家海水水质第三类标准。

根据隶属度函数计算可得岗屿海水环境质量中 COD、无机氮、活性磷酸盐和石油类含量的生态隶属度分别为 1.00、0.88、0.45 和 1.00, 生态等级分别为优、优、一般和优。

2. 沉积物环境质量

岗屿周边海域沉积物有机碳含量为 0.98%, 硫化物为 14×10^{-6}, 石油类为 35×10^{-6}, 沉积物环境质量指标全部符合国家海洋沉积物质量第一类标准, 沉积环境质量较好。

根据隶属度函数计算可得岗屿周围海域沉积物中有机碳、硫化物和石油类含量对应的生态隶属度均为 1.00，生态等级均为优。

3. 地质地貌

1）潮间带底质类型数：岗屿潮间带只有岩石滩一种类型，说明其能提供给各种生物栖息的环境较为单一。根据隶属度函数计算可得岗屿潮间带底质类型数对应的生态隶属度为 0.20，生态等级为很差。

2）岛陆平均坡度：岗屿的岛陆平均坡度为 23.5 度，较大的岛陆坡度增加降雨对海岛土层的冲刷以及加剧海岛水土流失的风险。根据隶属度函数计算可得岗屿岛陆平均坡度对应的生态隶属度为 0.40，生态等级为差。

四、景观格局

1. 自然性

自然性指数：岗屿土地利用详见表 4-12，其中草地和林地为自然景观。岗屿总面积为 8.13 公顷，自然景观面积为 7.97 公顷，海岛自然性指数为 0.98。根据隶属度函数计算可得岗屿自然性指数的生态隶属度为 0.98，生态等级为优。

表 4-12　岗屿各种土地利用面积及所占比例

序号	土地类型（一级类）	土地类型（二级类）	面积/公顷	所占比例/%
1	草地	其他草地	5.48	67.4
2	林地	有林地	2.49	30.6
3	交通运输用地	港口码头用地	0.16	2.0

2. 破碎化

斑块密度指数：岗屿的斑块密度指数为 98.4，根据隶属度函数计算可得岗屿斑块密度指数的生态隶属度为 0.20，生态等级为很差，说明岗屿景观有较高程度的破碎化，已受到人类活动较为明显的影响。

五、自然条件

1. 气候条件

1）年均降水量：岗屿多年平均降水量为1224.1毫米，根据隶属度函数计算可得岗屿年均降水量的生态隶属度为0.62，生态等级为良。

2）年均风速：岗屿多年平均风速为5.4米/秒，根据隶属度函数计算可得岗屿年均风速的生态隶属度为0.60，生态等级为一般。

2. 自然灾害

1）台风次数：2005~2009年岗屿附近海域受台风影响的次数为10次。根据隶属度函数计算可得岗屿台风次数对应的生态隶属度为0.33，生态等级为差，说明台风给岗屿生态系统带来了较大的干扰。

2）赤潮发生次数：2005~2009年岗屿附近海域发生过1次赤潮，对应的生态隶属度为0.80，生态等级为良。

六、评价结果

根据岗屿生态系统评价指标的生态隶属度，按照层次分析法、熵值法和综合法确定的各指标权重来计算，三种方法得出的岗屿生态系统评价综合得分分别为0.73、0.70和0.72，三种评价方法的评价得分基本相似，表明岗屿生态系统状态良好，详见表4-13~表4-15和图4-8~图4-9。

评价结果显示，岗屿生物状态、非生物环境状态、景观格局和自然条件等一级指标的生态等级均为良，总体状态较好。生物状态指标中，岛陆生物生态等级为优，潮间带生物和近海海域生物生态等级为良，可见岗屿生物多样性较为丰富，生物群落结构较为稳定。非生物环境状态指标中，沉积物环境质量和海水环境质量等二级指标的生态等级为优至良，表明岗屿的生态环境质量尚好，而地质地貌指标由于岗屿潮间，带底质类型数单一和岛陆坡度较高其生态等级为差。景观格局指标中，岗屿自然性较好，自然景观占据绝对优势，生态等级为优；但是岗屿景观斑块有较高程度的破碎化，生态等级为差至很差，而实际上岗屿人为的开发活动规模很小，这种现象表明岗屿岛陆面积小，岛陆生态系统较为脆弱。自然条件的评价结果为良，说明岗屿所处自然条件较好，基本不会对岗屿生态系统的稳定性产生明显的不利影响。总体而言，岗屿环境质量较好，生态功能较完善，自然性较高，水域生态系统较稳定而岛陆生态系统较为脆弱。

表 4-13　层次分析法评价结果

总指标	分值	一级指标	分值	二级指标	分值	三级指标	隶属度
岗屿生态系统	0.73	生物状态	0.77	岛陆生物	0.98	植被覆盖率	0.98
				潮间带生物	0.55	潮间带底栖生物多样性指数	0.55
				近海海域生物	0.56	浮游植物生物多样性指数	0.26
						浮游动物生物多样性指数	0.70
						浅海底栖生物多样性指数	0.72
		非生物环境状态	0.70	沉积物环境质量	1.00	有机碳	1.00
						硫化物	1.00
						石油类	1.00
				海水环境质量	0.77	COD	1.00
						无机氮	0.88
						活性磷酸盐	0.45
						石油类	1.00
				地质地貌	0.25	海岛潮间带底质类型数	0.20
						岛陆平均坡度	0.40
		景观格局	0.72	自然性	0.98	自然性指数	0.98
				破碎化	0.20	破碎化指数	0.20
		自然条件	0.66	气候条件	0.61	年均降水量	0.62
						年平均风速	0.60
				自然灾害	0.68	赤潮发生次数	0.80
						台风发生次数	0.33

表 4-14　熵值法评价结果

总指标	分值	一级指标	分值	二级指标	分值	三级指标	隶属度
岗屿生态系统	0.70	生物状态	0.65	岛陆生物	0.98	植被覆盖率	0.98
				潮间带生物	0.55	潮间带底栖生物多样性指数	0.55
				近海海域生物	0.56	浮游植物生物多样性指数	0.26
						浮游动物生物多样性指数	0.70
						浅海底栖生物多样性指数	0.72
		非生物环境状态	0.79	沉积物环境质量	1.00	有机碳	1.00
						硫化物	1.00
						石油类	1.00
				海水环境质量	0.84	COD	1.00
						无机氮	0.88
						活性磷酸盐	0.45
						石油类	1.00
				地质地貌	0.30	海岛潮间带底质类型数	0.20
						岛陆平均坡度	0.40
		景观格局	0.57	自然性	0.98	自然性指数	0.98
				破碎化	0.20	破碎化指数	0.20
		自然条件	0.60	气候条件	0.61	年均降水量	0.62
						年平均风速	0.60
				自然灾害	0.58	赤潮发生次数	0.80
						台风发生次数	0.33

表 4-15　综合法评价结果

总指标	分值	一级指标	分值	二级指标	分值	三级指标	隶属度
岗屿生态系统	0.72	生物状态	0.76	岛陆生物	0.98	植被覆盖率	0.98
				潮间带生物	0.55	潮间带底栖生物多样性指数	0.55
				近海海域生物	0.56	浮游植物生物多样性指数	0.26
						浮游动物生物多样性指数	0.70
						浅海底栖生物多样性指数	0.72
		非生物环境状态	0.71	沉积物环境质量	1.00	有机碳	1.00
						硫化物	1.00
						石油类	1.00
				海水环境质量	0.78	COD	1.00
						无机氮	0.88
						活性磷酸盐	0.45
						石油类	1.00
				地质地貌	0.25	海岛潮间带底质类型数	0.20
						岛陆平均坡度	0.40
		景观格局	0.71	自然性	0.98	自然性指数	0.98
				破碎化	0.20	破碎化指数	0.20
		自然条件	0.65	气候条件	0.61	年均降水量	0.62
						年平均风速	0.60
				自然灾害	0.68	赤潮发生次数	0.80
						台风发生次数	0.33

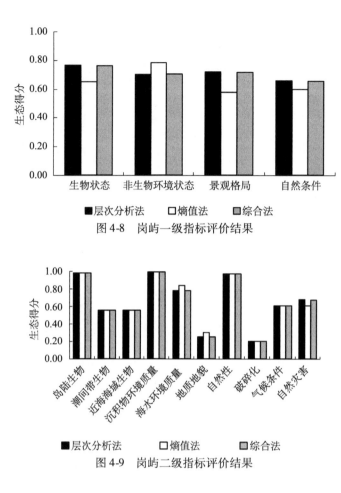

图 4-8　岗屿一级指标评价结果

图 4-9　岗屿二级指标评价结果

第四节　川　石　岛

一、评价范围

以川石岛周围海域水下地形转折处为界，川石岛评价范围包括 283.68 公顷的岛陆及其周围面积 7776.14 公顷的海域，详见图 4-10。

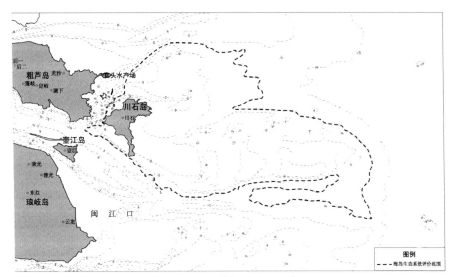

图 4-10　川石岛评价范围示意图

二、生物状态

1. 岛陆生物

植被覆盖率：川石岛最主要的植被类型为阔叶林，其次为草本栽培植被、草丛和滨海盐生植被，岛上植被覆盖率为 88.73%，详见表 4-16。根据隶属度函数计算得出川石岛植被覆盖率指标对应的生态隶属度为 0.89，生态等级为优。

表 4-16　川石岛植被类型的面积及所占比例

植被类型	斑块数/个	植被面积/公顷	所占比例/%
滨海盐生植被	1	0.69	0.3
草丛	2	22.05	8.8
草本栽培植被	3	29.55	11.7
阔叶林	7	199.43	79.2

2. 潮间带生物[①]

潮间带底栖生物：川石岛潮间带底栖生物多样性指数为 1.69，根据隶

————————————

① 监测数据参见《闽江口海洋环境质量现状调查》，2009 年。

属度函数计算得出川石岛潮间带底栖生物对应的生态隶属度为 0.34，生态等级为差。

3. 近海海域生物

1）浮游植物：川石岛周边海域浮游植物生物多样性指数为 2.08，根据隶属度函数计算得出川石岛浮游植物对应的生态隶属度为 0.42，生态等级为一般。

2）浮游动物：川石岛周边海域浮游动物生物多样性指数为 1.58，根据隶属度函数计算得出川石岛浮游动物对应的生态隶属度为 0.32，生态等级为差。

3）浅海底栖生物：川石岛周边海域浅海底栖生物生物多样性指数为 2.52，根据隶属度函数计算得出川石岛浅海底栖生物对应的生态隶属度为 0.50，生态等级为一般。

三、非生物环境状态

1. 海水环境质量

川石岛周围海域的 COD 含量为 1.24 毫克/升，活性磷酸盐含量为 0.014 毫克/升，石油类含量为 0.019 毫克/升，均符合国家海水水质第一类标准；无机氮含量为 0.88 毫克/升，属第四类海水水质，超标较为严重。

根据隶属度函数计算可得川石岛海水环境质量中 COD、无机氮、活性磷酸盐和石油类含量的生态隶属度分别为 0.95、0.05、0.82 和 1.00，生态等级分别为优、很差、优和优。

2. 沉积物环境质量

川石岛海域沉积物有机碳含量为 0.46%，硫化物含量为 22.7×10^{-6}，石油类含量为 206.32×10^{-6}，均符合国家海洋沉积物质量第一类标准，沉积物环境质量较好。

根据隶属度函数计算可得川石岛周围海域沉积物中有机碳、硫化物和石油类含量对应的生态隶属度均为 1.00，生态等级均为优。

3. 地质地貌

1）潮间带底质类型数：川石岛有 4 种潮间带底质类型，包括丛草滩、岩石滩、沙滩和淤泥滩，其中沙滩面积最大达到 10.66 千米^2，占潮间带总面积的 99%。其他潮间带类型虽然只占约 1% 的潮间带面积，但多种潮间带底质类型的分布，为各种生物提供了多种栖息环境，根据隶属度函数计算可得川石岛潮间带底质类型数对应的生态隶属度为 0.80，生态等级为良。

2）岛陆平均坡度：川石岛岛陆平均坡度为 19.1 度，较大的岛陆坡度增加降雨对海岛土层的冲刷以及加剧海岛水土流失的风险。根据隶属度函数计算可得川石岛岛陆平均坡度对应的生态隶属度为 0.51，生态等级为一般。

四、景观格局

1. 自然性

自然性指数：川石岛土地利用详见表 4-17，其中林地、草地和其他土地为自然景观。川石岛总面积为 283.68 公顷，自然景观的面积为 228.07 公顷，海岛自然性指数为 0.80。根据隶属度函数计算可得川石岛自然性指数的生态隶属度为 0.80，生态等级为良。川石岛岛上最主要的土地利用类型为有林地，大面积的林地有利于涵养海岛水源，提高海岛生态系统稳定性。

表 4-17　川石岛各种土地利用面积及所占比例

序号	土地类型（一级类）	土地类型（二级类）	面积/公顷	所占比例/%
1	林地	有林地	199.43	70.3
2	草地	其他草地	22.05	7.8
3	交通运输用地	公路用地	2.65	0.9
4		港口码头用地	0.37	0.1
5	住宅用地	农村宅基地	23.04	8.1
6	耕地	旱地	29.55	10.4
7	其他土地	沙地	1.58	0.6
8		裸地	5.01	1.8

2. 破碎化

斑块密度指数：川石岛的斑块密度指数为 9.87，根据隶属度函数计算可得川石岛斑块密度指数的生态隶属度为 0.78，生态等级为良。

五、自然条件

1. 气候条件

1）年均降水量：川石岛多年平均降水量为 1224.1 毫米，根据隶属度函数计算可得川石岛年均降水量的生态隶属度为 0.62，生态等级为良。

2）年均风速：川石岛多年平均风速为 5.4 米/秒，根据隶属度函数计算可得川石岛年均风速的生态隶属度为 0.60，生态等级为一般。

2. 自然灾害

1）台风次数：2005～2009 年川石岛附近海域受台风影响的次数为 10 次。根据隶属度函数计算可得川石岛台风次数对应的生态隶属度为 0.33，生态等级为差，说明台风给川石岛生态系统带来了较大的干扰。

2）赤潮发生次数：2005～2009 年川石岛附近海域没有发生赤潮，对应的生态隶属度为 1.00，生态等级为优。

六、评价结果

根据川石岛生态系统评价指标的生态隶属度，按照层次分析法、熵值法和综合法确定的各指标权重来计算，三种方法得出的川石岛生态系统状态评价综合得分分别为 0.71、0.70 和 0.71，三种评价方法的评价得分基本相似，说明川石岛生态系统状态良好，详见表 4-18～表 4-20 和图 4-11、图 4-12。

评价结果显示，川石岛生物状态的生态等级为良至一般，非生物环境状态、景观格局和自然条件等一级指标的生态等级为良至优，海岛生态系统总体情况较好。生物状态指标中，岛陆生物生态等级为优；潮间带生物和近海海域生物得分等级为差，是川石岛生态系统的薄弱环节。非生物环境状态指标中，沉积物环境质量生态等级为优，海水环境质量和地质地貌等二级指标的生态等级为良，表明川石岛的生态环境质量尚好。景观格局指标中，川石岛自然性较好，自然景观占据优势，景观斑块破碎化程度低，说明川石岛受人类活动的干扰或破坏较小。自然条件的评价结果为良，说明川石岛所处自然条件较好，基本不会对川石岛生态系统的稳定性产生明显的不利影响。总体而言，川石岛环境质量较好，生态功能较完善，自然性较高，生态系统较稳定。

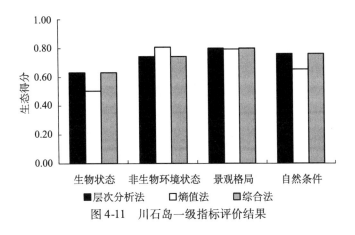

图 4-11　川石岛一级指标评价结果

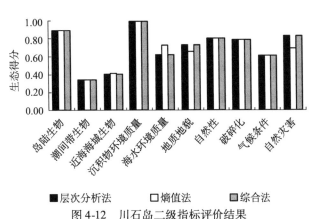

图 4-12　川石岛二级指标评价结果

表4-18　层次分析法评价结果

总指标	分值	一级指标	分值	二级指标	分值	三级指标	隶属度
川石岛生态系统	0.71	生物状态	0.63	岛陆生物	0.89	植被覆盖率	0.89
				潮间带生物	0.34	潮间带底栖生物多样性指数	0.34
				近海海域生物	0.41	浮游植物生物多样性指数	0.42
						浮游动物生物多样性指数	0.32
						浅海底栖生物多样性指数	0.50
		非生物环境状态	0.74	沉积物环境质量	1.00	有机碳	1.00
						硫化物	1.00
						石油类	1.00
				海水环境质量	0.61	COD	0.95
						无机氮	0.05
						活性磷酸盐	0.82
						石油类	1.00
				地质地貌	0.73	海岛潮间带底质类型数	0.80
						岛陆平均坡度	0.51
		景观格局	0.80	自然性	0.80	自然性指数	0.80
				破碎化	0.78	破碎化指数	0.78
		自然条件	0.76	气候条件	0.61	年均降水量	0.62
						年平均风速	0.60
				自然灾害	0.83	赤潮发生次数	1.00
						台风发生次数	0.33

表4-19　熵值法评价结果

总指标	分值	一级指标	分值	二级指标	分值	三级指标	隶属度
川石岛生态系统	0.70	生物状态	0.50	岛陆生物	0.89	植被覆盖率	0.89
				潮间带生物	0.34	潮间带底栖生物多样性指数	0.34
				近海海域生物	0.41	浮游植物生物多样性指数	0.42
						浮游动物生物多样性指数	0.32
						浅海底栖生物多样性指数	0.50
		非生物环境状态	0.81	沉积物环境质量	1.00	有机碳	1.00
						硫化物	1.00
						石油类	1.00
				海水环境质量	0.72	COD	0.95
						无机氮	0.05
						活性磷酸盐	0.82
						石油类	1.00
				地质地貌	0.65	海岛潮间带底质类型数	0.80
						岛陆平均坡度	0.51
		景观格局	0.79	自然性	0.80	自然性指数	0.80
				破碎化	0.78	破碎化指数	0.78
		自然条件	0.65	气候条件	0.61	年均降水量	0.62
						年平均风速	0.60
				自然灾害	0.69	赤潮发生次数	1.00
						台风发生次数	0.33

表 4-20　综合法评价结果

总指标	分值	一级指标	分值	二级指标	分值	三级指标	隶属度
川石岛生态系统	0.71	生物状态	0.63	岛陆生物	0.89	植被覆盖率	0.89
				潮间带生物	0.34	潮间带底栖生物多样性指数	0.34
				近海海域生物	0.41	浮游植物生物多样性指数	0.42
						浮游动物生物多样性指数	0.32
						浅海底栖生物多样性指数	0.50
		非生物环境状态	0.74	沉积物环境质量	1.00	有机碳	1.00
						硫化物	1.00
						石油类	1.00
				海水环境质量	0.62	COD	0.95
						无机氮	0.05
						活性磷酸盐	0.82
						石油类	1.00
				地质地貌	0.72	海岛潮间带底质类型数	0.80
						岛陆平均坡度	0.51
		景观格局	0.80	自然性	0.80	自然性指数	0.80
				破碎化	0.78	破碎化指数	0.78
		自然条件	0.75	气候条件	0.61	年均降水量	0.62
						年平均风速	0.60
				自然灾害	0.82	赤潮发生次数	1.00
						台风发生次数	0.33

第五节　南　日　岛

一、评价范围

以南日岛周围海域水下地形转折处为界，南日岛评价范围包括4215.93公顷的岛陆及其周围面积3376.72公顷的海域，详见图4-13。

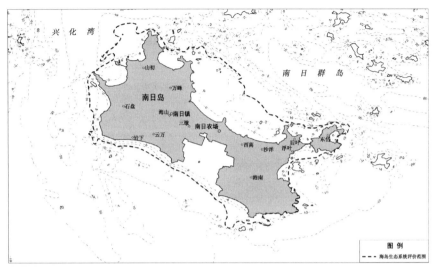

图 4-13　南日岛评价范围示意图

二、生物状态

1. 岛陆生物

植被覆盖率：南日岛岛陆植被包括天然植被和人工植被，以人工植被为主，详见表 4-21。天然植被主要是阔叶林和草丛，人工植被主要是草本栽培植被和木本栽培植被，海岛植被覆盖率为 54.37%。根据隶属度函数计算得出南日岛植被覆盖率指标对应的生态隶属度为 0.54，生态等级为一般。

表 4-21　南日岛植被类型的面积及所占比例

植被类型	斑块数/个	植被面积/公顷	所占比例/%
阔叶林	61	615.85	26.9
草丛	1	2.64	0.1
草本栽培植被	66	1548.62	67.5
木本栽培植被	11	125.11	5.5

2. 潮间带生物

潮间带底栖生物：南日岛潮间带底栖生物共有 83 种，多毛类最多有 39 种，软体类 23 种，甲壳类 13 种，其他类 8 种。底栖生物栖息密度为 864 个/米²，以多毛类占绝对优势。底栖生物平均生物量为 17.46 克/米²，其中以软体动物生物量最高。底栖生物生物多样性指数 3.17，根据隶属度函数计算得出南日岛潮间带底栖生物对应的生态隶属度为 0.67，生态等级为良。从南日岛的物种组成、生态特征指数看，南日岛底栖生物群落物种丰富，分布均匀，处于较好的水平。

3. 近海海域生物①

1）浮游植物：南日岛周围海域浮游植物种类 69 种，其中硅藻门种类数最多，有 65 种，甲藻门 4 种，优势种是菱形海线藻和中肋骨条藻。浮游植物的生物多样性指数范围为 1.86～2.69，平均 2.33，根据隶属度函数计算得出南日岛浮游植物对应的生态隶属度为 0.47，生态等级为一般。

2）浮游动物：浮游动物种类 42 种，以桡足类最占优势，其次是介形类。浮游动物个体密度为 1169.8 个/米^3，以东北部岛群之间水流交汇区及南部测区个体密度较高。浮游动物生物多样性指数为 3.05，生物量较为丰富，多样性、丰度和均匀度也都比较高，反映出南日岛海域浮游动物的群落结构比较稳定，生境良好。根据隶属度函数计算得出南日岛浮游动物对应的生态隶属度为0.62，生态等级为良。

3）浅海底栖生物：南日岛海区大型底栖生物种类 57 种，主要类群为多毛类、软体动物、甲壳动物，种数以多毛类占优势。生物量和密度组成平面分布不均，生物量均值为 32.9 克/米^2，以软体动物占优势，密度均值 147 个/米^2。底栖生物生物多样性指数为 2.20，不同海域的生物多样性差异较大，与南日岛底质类型多样化有关，砂质海域底栖生物多样性低，沙泥或泥沙质海域底栖生物多样性较高。根据隶属度函数计算得出南日岛浅海底栖生物对应的生态隶属度为 0.44，生态等级为一般。

三、非生物环境状态

1. 海水环境质量①

南日岛周围海域 COD 含量为 0.63 毫克/升，符合国家海水水质第一类标准；

---

① 监测数据参见《南日岛海洋生态建设与保护规划》，2007 年。

活性磷酸盐含量为 0.035 毫克/升，超国家海水水质第二类标准；无机氮含量为 0.26 毫克/升，符合国家海水水质第二类标准；石油类含量为 0.024 毫克/升，符合国家海水水质第二类标准。

根据隶属度函数计算可得南日岛海水环境质量中 COD、无机氮、活性磷酸盐和石油类含量的生态隶属度分别为 1.00、0.69、0.34 和 1.00，生态等级分别为优、良、差和优。

2. 沉积物环境质量

南日岛周围海域沉积物的有机碳含量为 0.65×10^{-6}，硫化物含量为 10.5×10^{-6}，石油类含量为 70.7×10^{-6}，均符合国家海洋沉积物质量第一类标准，说明南日岛周围海域沉积物环境质量较好。

根据隶属度函数计算可得南日岛周围海域沉积物中有机碳、硫化物和石油类含量对应的生态隶属度均为 1.00，生态等级均为优。

3. 地质地貌

1）潮间带底质类型数：南日岛潮间带有岩石滩、沙滩和淤泥滩 3 种类型，能给各种生物提供较为多样的栖息环境。根据隶属度函数计算可得南日岛潮间带底质类型对应的生态隶属度为 0.60，生态等级为一般。

2）岛陆平均坡度：南日岛的岛陆平均坡度为 4.7 度，根据隶属度函数计算可得南日岛岛陆平均坡度对应的生态隶属度为 0.88，说明其地形较好地支撑了海岛的水土保持，生态等级为优。

四、景观格局

1. 自然性

自然性指数：南日岛土地利用详见表4-22，其中林地、草地和其他土地中的沙地、盐碱地和裸地为自然景观。南日岛总面积为 4215.93 公顷，自然景观面积为 1429.39 公顷，海岛自然性指数为 0.34。根据隶属度函数计算可得南日岛自然性指数的生态隶属度为 0.34，生态等级为差。

表 4-22　南日岛各种土地利用面积及所占比例

序号	土地类型（一级类）	土地类型（二级类）	面积/公顷	所占比例/%
1	草地	其他草地	2.64	0.1
2	林地	有林地	740.96	17.6
3	水域及水利设施用地	内陆滩涂	94.87	2.2
4	住宅用地	居民地	1042.53	24.7
5	工矿仓储用地	工矿仓储用地	58.72	1.4
6	耕地	旱地	1548.62	36.7
7	人工湿地	水库	2.71	0.1
8	交通运输用地	公路用地港口和码头用地	30.78	0.7
9	其他土地	沙地、盐碱地、裸地、设施农用地	694.10	16.5

2. 破碎化

斑块密度指数：南日岛的斑块密度指数为 9.77，根据隶属度函数计算可得南日岛斑块密度指数的生态隶属度为 0.78，生态等级为良。

五、自然条件

1. 气候条件

1）年均降水量：南日岛多年平均降水量为 1329.1 毫米，根据隶属度函数计算可得南日岛年均降水量的生态隶属度为 0.80，生态等级为良。

2）年均风速：南日岛多年平均风速为 3.9 米/秒，根据隶属度函数计算可得南日岛年均风速的生态隶属度为 0.74，生态等级为良。

2. 自然灾害

1）台风次数：2005～2009 年南日岛附近海域受台风影响的次数为 9 次。根据隶属度函数计算可得南日岛台风次数对应的生态隶属度为 0.40，生态等级为差，说明台风给南日岛生态系统带来了较大的干扰。

2）赤潮发生次数：2005～2009 年南日岛附近海域发生过 2 次赤潮，对应的生态隶属度为 0.60，生态等级为一般。

六、评价结果

根据南日岛生态系统评价指标的生态隶属度，按照层次分析法、熵值法和综合法确定的各指标权重来计算，三种方法得出的南日岛生态系统评价综合得分分别为0.63、0.71和0.63，三种评价方法的评价得分基本相似，说明南日岛生态系统状态良好，详见表4-23～表4-25和图4-14～图4-15。

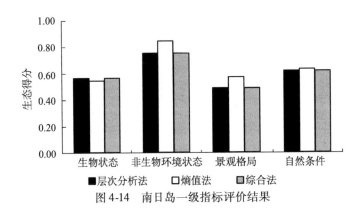

图 4-14　南日岛一级指标评价结果

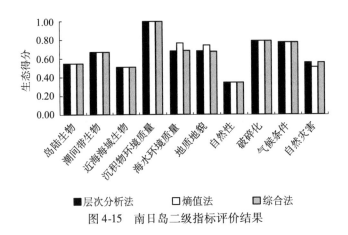

图 4-15　南日岛二级指标评价结果

评价结果显示，南日岛生物状态的生态等级为一般，非生物环境状态的生态等级为良至优，景观格局生态等级为一般，自然条件的生态等级为良。生物状态指标中，岛陆生物和近海海域生物生态等级为一般，潮间带生物生态等级为良，与其他海岛相比，其岛陆生物由于受人类开发活动的影响相对较差。非生物环境状态指标中，沉积物环境质量生态等级为优，海水环境质量和地质地貌的生态等级均为良，表明南日岛的生态环境质量较好。景观格局指标中，南日岛自然性较差，人工景观占据优势，说明人类开发活动对南日岛生态系统具有明显影响；但结果显示南日岛景观斑块破碎化程度仍较低，这与南日岛面积大、人类活动较为集中有关。自然条件的评价结果为良，说明南日岛所处自然条件较好，基本不会对南日岛生态系统的稳定性产生明显的不利影响，但其自然灾害发生频率较高，对其生态系统的稳定性有一定的不利影响。总体而言，南日岛环境质量较好，生态功能较完善，自然性较高，生态系统较稳定，但已受到相当程度的人类开发活动的不利影响，今后应对开发活动进行引导和规划，以实现海岛经济和海岛生态环境的协调发展。

表 4-23　层次分析法评价结果

总指标	分值	一级指标	分值	二级指标	分值	三级指标	隶属度
南日岛生态系统	0.63	生物状态	0.57	岛陆生物	0.54	植被覆盖率	0.54
				潮间带生物	0.67	潮间带底栖生物多样性指数	0.67
				近海海域生物	0.51	浮游植物生物多样性指数	0.47
						浮游动物生物多样性指数	0.62
						浅海底栖生物多样性指数	0.44
		非生物环境状态	0.75	沉积物环境质量	1.00	有机碳	1.00
						硫化物	1.00
						石油类	1.00
				海水环境质量	0.68	COD	1.00
						无机氮	0.69
						活性磷酸盐	0.34
						石油类	1.00
				地质地貌	0.67	海岛潮间带底质类型数	0.60
						岛陆平均坡度	0.88
		景观格局	0.49	自然性	0.34	自然性指数	0.34
				破碎化	0.78	破碎化指数	0.78
		自然条件	0.62	气候条件	0.77	年均降水量	0.80
						年平均风速	0.74
				自然灾害	0.55	赤潮发生次数	0.60
						台风发生次数	0.40

表 4-24 熵值法评价结果

总指标	分值	一级指标	分值	二级指标	分值	三级指标	隶属度
南日岛生态系统	0.71	生物状态	0.55	岛陆生物	0.54	植被覆盖率	0.54
				潮间带生物	0.67	潮间带底栖生物多样性指数	0.67
				近海海域生物	0.51	浮游植物生物多样性指数	0.47
						浮游动物生物多样性指数	0.62
						浅海底栖生物多样性指数	0.44
		非生物环境状态	0.85	沉积物环境质量	1.00	有机碳	1.00
						硫化物	1.00
						石油类	1.00
				海水环境质量	0.77	COD	1.00
						无机氮	0.69
						活性磷酸盐	0.34
						石油类	1.00
				地质地貌	0.74	海岛潮间带底质类型数	0.60
						岛陆平均坡度	0.88
		景观格局	0.57	自然性	0.34	自然性指数	0.34
				破碎化	0.78	破碎化指数	0.78
		自然条件	0.64	气候条件	0.77	年均降水量	0.80
						年平均风速	0.74
				自然灾害	0.51	赤潮发生次数	0.60
						台风发生次数	0.40

表 4-25 综合法评价结果

总指标	分值	一级指标	分值	二级指标	分值	三级指标	隶属度
南日岛生态系统	0.63	生物状态	0.56	岛陆生物	0.54	植被覆盖率	0.54
				潮间带生物	0.67	潮间带底栖生物多样性指数	0.67
				近海海域生物	0.51	浮游植物生物多样性指数	0.47
						浮游动物生物多样性指数	0.62
						浅海底栖生物多样性指数	0.44
		非生物环境状态	0.76	沉积物环境质量	1.00	有机碳	1.00
						硫化物	1.00
						石油类	1.00
				海水环境质量	0.68	COD	1.00
						无机氮	0.69
						活性磷酸盐	0.34
						石油类	1.00
				地质地貌	0.67	海岛潮间带底质类型数	0.60
						岛陆平均坡度	0.88
		景观格局	0.49	自然性	0.34	自然性指数	0.34
				破碎化	0.78	破碎化指数	0.78
		自然条件	0.62	气候条件	0.77	年均降水量	0.80
						年平均风速	0.74
				自然灾害	0.55	赤潮发生次数	0.60
						台风发生次数	0.40

第六节 大 坠 岛

一、评价范围

以大坠岛周围海域水下地形转折处为界，大坠岛评价范围包括 60.89 公顷的岛陆及其周围面积 1668.72 公顷的海域，详见图 4-16。

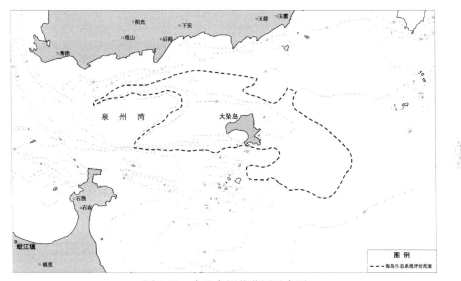

图 4-16 大坠岛评价范围示意图

二、生物状态

1. 岛陆生物

植被覆盖率：大坠岛植被主要分布阔叶林和草丛，植被覆盖率达 94.92%，详见表 4-26。阔叶林主要由相思树和部分人工林组成，分布在岛的西南面，草丛分布在岛的东北面。这种分布格局与风向条件密切相关，岛屿东北面为迎风面，乔木不易生长，而草丛能适应这一环境条件；西南面为背风面，台风和大风对乔木的生长影响相对较小，植被层次相对丰富。根据隶属度函数计算得出大坠岛植被覆盖率指标对应的生态隶属度为0.95，生态等级为优。

表4-26　大坠岛植被类型的面积及所占比例

植被类型	斑块数/个	植被面积/公顷	所占比例/%
草丛	1	33.01	57.11
阔叶林	1	24.79	42.89

2. 潮间带生物①

潮间带底栖生物：大坠岛海区潮间带底栖生物78种，其中多毛类23种，软体动物32种，甲壳动物17种，其他动物5种。平均栖息密度为1263个/米²，组成以软体动物占绝对优势。平均生物量为26.49克/米²，组成以软体动物占优势。底栖生物多样性指数为1.89，根据隶属度函数计算得出大坠岛潮间带底栖生物对应的生态隶属度为0.38，生态等级为差。

3. 近海海域生物①

1）浮游植物：大坠岛周围海域浮游植物种类68种，硅藻的种类占绝对优势。浮游植物平均数量为1.98×10^6个/米³。生物多样性指数范围为0.90～3.37，平均值为2.16，根据隶属度函数计算得出大坠岛浮游植物对应的生态隶属度为0.43，生态等级为一般。

2）浮游动物：大坠岛周围海域浮游动物种类45种，占优势的是水母类17种和桡足类22种。个体密度平均值达330个/米³，区间变化范围为249～430个/米³。湿重生物量平均值为605毫克/米³。生物多样性指数均值为2.23，根据隶属度函数计算得出大坠岛浮游动物对应的生态隶属度为0.45，生态等级为一般。

3）浅海底栖生物：大坠岛周围海域底栖生物种类114种，其中多毛类的种类最多有56种，其次是软体动物28种，甲壳动物17种，棘皮动物7种，其他类群动物6种。总生物量为207.59克/米²，生物量较高，以软体动物180.64克

---

① 监测数据参见《石狮濠江物流园区海域使用论证报告》，2005年。

/米^2 占优势。栖息密度平均为 1506.5 个/米^2。底栖生物生物多样性指数为 3.23，根据隶属度函数计算得出大坠岛浅海底栖生物对应的生态隶属度为 0.69，生态等级为良。

三、非生物环境状态

1. 海水环境质量[1]

大坠岛周围海域 COD 含量为 0.69 毫克/升，石油类含量为 0.014 毫克/升，符合国家海水水质第一类标准；活性磷酸盐含量为 0.021 毫克/升，符合国家海水水质第二类标准；无机氮含量为 0.42 毫克/升，超国家海水水质第三类标准。

根据隶属度函数计算可得大坠岛海水环境质量中 COD、无机氮、活性磷酸盐和石油类含量的生态隶属度分别为 1.00、0.36、0.63 和 1.00，生态等级分别为优、差、良和优。

2. 沉积物环境质量[1]

大坠岛周围海域沉积物有机碳含量为 0.55%，硫化物含量为 72×10^{-6}，石油类含量为 274×10^{-6}，均符合国家海洋沉积物质量第一类标准，沉积物环境质量较好。

根据隶属度函数计算可得大坠岛周围海域沉积物中有机碳、硫化物和石油类含量对应的生态隶属度分别为 1.00、1.00 和 0.98，生态等级均为优。

3. 地质地貌

1）潮间带底质类型数：大坠岛潮间带仅有岩石滩和沙滩 2 种类型，提供给各种生物的栖息环境较为单一。根据隶属度函数计算可得大坠岛潮间带底质类型数对应的生态隶属度为 0.40，生态等级为差。

2）岛陆平均坡度：大坠岛的岛陆平均坡度为 7.9 度，根据隶属度函数计算可得大坠岛岛陆平均坡度对应的生态隶属度为 0.79，生态等级为良。

---

① 监测数据参见《泉州湾深水航道海域使用论证报告表》，2007 年。

四、景观格局

1. 自然性

自然性指数：大坠岛土地利用详见表4-27，其中林地和草地为自然景观。大坠岛总面积为60.89公顷，自然景观面积为57.80公顷，海岛自然性指数为0.95。根据隶属度函数计算可得大坠岛自然性指数的生态隶属度为0.95，生态等级为优。

表4-27 大坠岛各种土地利用面积及所占比例

序号	土地类型（一级类）	土地类型（二级类）	面积/公顷	所占比例/%
1	草地	其他草地	33.01	54.2
2	林地	有林地	24.79	40.7
3	住宅用地	农村宅基地	2.00	3.3
4	交通用地	港口码头用地	1.09	1.8

2. 破碎化

斑块密度指数：大坠岛的斑块密度指数为9.85，根据隶属度函数计算可得大坠岛斑块密度指数的生态隶属度为0.78，生态等级为良。

五、自然条件

1. 气候条件

1）年均降水量：大坠岛多年平均降水量为1101.0毫米，根据隶属度函数计算可得大坠岛年均降水量的生态隶属度为0.40，生态等级为差。

2）年均风速：大坠岛多年平均风速为6.1米/秒，根据隶属度函数计算可得大坠岛年均风速的生态隶属度为0.54，生态等级为一般。

2. 自然灾害

1）台风次数：2005～2009年大坠岛附近海域受台风影响的次数为9次。根据隶属度函数计算可得大坠岛台风次数对应的生态隶属度为0.40，生态等级为差，说明台风给大坠岛生态系统带来了较大的干扰。

2）赤潮发生次数：2005～2009年大坠岛附近海域发生过1次赤潮，对应的生态隶属度为0.80，生态等级为良。

六、评价结果

根据大坠岛生态系统状态评价指标的生态隶属度，按照层次分析法、熵值法和综合法确定的各指标权重来计算，三种方法得出的大坠岛生态系统评价综合得分分别为0.72、0.71和0.72，三种评价方法的评价得分基本相似，说明大坠岛生态系统状态良好，详见表4-28～表4-30和图4-17～图4-18。

评价结果显示，大坠岛生物状态的生态等级为良至一般，非生物环境状态的生态等级为良至优，景观格局生态等级为优，自然条件的生态等级为良至一般。生物状态指标中，岛陆植被覆盖率高，岛陆生物的生态等级为优，近海海域生物生态等级为一般，而潮间带生物生态等级为差。非生物环境状态指标中，沉积物环境质量生态等级为优，海水环境质量生态等级为良，地质地貌的生态等级为一般，表明大坠岛的生态环境质量较好，这与其处于泉州湾湾口，水动力强，污染物能有效扩散密切相关。景观格局指标中，大坠岛自然性高，自然景观占绝对优势，景观斑块破碎化程度也较低，说明大坠岛受人类开发活动的影响较小，这与当地将大坠岛规划为旅游海岛，长期对其生态环境进行保护有关。自然条件的评价结果为良至一般，大坠岛所处自然条件一般。总体而言，大坠岛环境质量较好，生态功能较完善，自然性较高，生态系统较稳定。

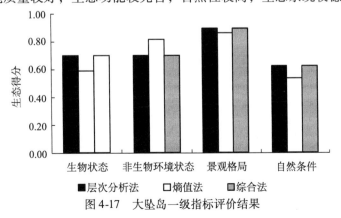

图4-17　大坠岛一级指标评价结果

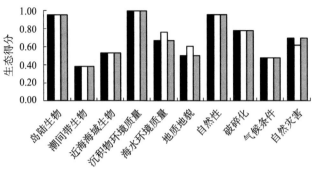

■ 层次分析法　　□ 熵值法　　■ 综合法

图 4-18　大坠岛二级指标评价结果

表 4-28　层次分析法评价结果

总指标	分值	一级指标	分值	二级指标	分值	三级指标	隶属度
大坠岛生态系统	0.72	生物状态	0.70	岛陆生物	0.95	植被覆盖率	0.95
				潮间带生物	0.38	潮间带底栖生物多样性指数	0.38
				近海海域生物	0.52	浮游植物生物多样性指数	0.43
						浮游动物生物多样性指数	0.45
						浅海底栖生物多样性指数	0.69
		非生物环境状态	0.70	沉积物环境质量	1.00	有机碳	1.00
						硫化物	1.00
						石油类	0.98
				海水环境质量	0.66	COD	1.00
						无机氮	0.36
						活性磷酸盐	0.63
						石油类	1.00
				地质地貌	0.50	海岛潮间带底质类型数	0.40
						岛陆平均坡度	0.79
		景观格局	0.89	自然性	0.95	自然性指数	0.95
				破碎化	0.78	破碎化指数	0.78
		自然条件	0.62	气候条件	0.47	年均降水量	0.40
						年平均风速	0.54
				自然灾害	0.70	赤潮发生次数	0.80
						台风发生次数	0.40

表 4-29 熵值法评价结果

总指标	分值	一级指标	分值	二级指标	分值	三级指标	隶属度
大坠岛生态系统	0.71	生物状态	0.59	岛陆生物	0.95	植被覆盖率	0.95
				潮间带生物	0.38	潮间带底栖生物多样性指数	0.38
				近海海域生物	0.52	浮游植物生物多样性指数	0.43
						浮游动物生物多样性指数	0.45
						浅海底栖生物多样性指数	0.69
		非生物环境状态	0.81	沉积物环境质量	0.99	有机碳	1.00
						硫化物	1.00
						石油类	0.98
				海水环境质量	0.76	COD	1.00
						无机氮	0.36
						活性磷酸盐	0.63
						石油类	1.00
				地质地貌	0.60	海岛潮间带底质类型数	0.40
						岛陆平均坡度	0.79
		景观格局	0.86	自然性	0.95	自然性指数	0.95
				破碎化	0.78	破碎化指数	0.78
		自然条件	0.54	气候条件	0.47	年均降水量	0.40
						年平均风速	0.54
				自然灾害	0.61	赤潮发生次数	0.80
						台风发生次数	0.40

表 4-30 综合法评价结果

总指标	分值	一级指标	分值	二级指标	分值	三级指标	隶属度
大坠岛生态系统	0.72	生物状态	0.70	岛陆生物	0.95	植被覆盖率	0.95
				潮间带生物	0.38	潮间带底栖生物多样性指数	0.38
				近海海域生物	0.52	浮游植物生物多样性指数	0.43
						浮游动物生物多样性指数	0.45
						浅海底栖生物多样性指数	0.69
		非生物环境状态	0.71	沉积物环境质量	1.00	有机碳	1.00
						硫化物	1.00
						石油类	0.98
				海水环境质量	0.67	COD	1.00
						无机氮	0.36
						活性磷酸盐	0.63
						石油类	1.00
				地质地貌	0.50	海岛潮间带底质类型数	0.40
						岛陆平均坡度	0.79
		景观格局	0.89	自然性	0.95	自然性指数	0.95
				破碎化	0.78	破碎化指数	0.78
		自然条件	0.62	气候条件	0.47	年均降水量	0.40
						年平均风速	0.54
				自然灾害	0.69	赤潮发生次数	0.80
						台风发生次数	0.40

第七节 小 嶝 岛

一、评价范围

以小嶝岛周围海域水下地形转折处为界，小嶝岛评价范围包括 97.47 公顷的岛陆及其周围面积 844.36 公顷的海域，详见图 4-19。

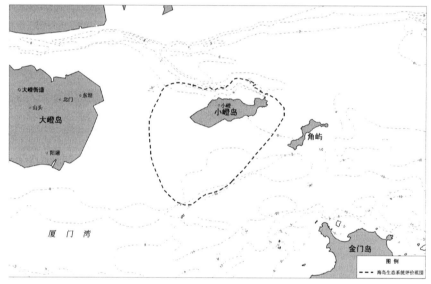

图 4-19　小嶝岛评价范围示意图

二、生物状态

1. 岛陆生物

植被覆盖率：小嶝岛岛陆植被类型主要是阔叶林，如表 4-31 所示。阔叶林主要分布于海岛的东北沿岸，草本栽培植被分布为两小块，植被类型较为单一，植被覆盖率也较低，约为 12.68%。根据隶属度函数计算得出小嶝岛植被覆盖率指标对应的生态隶属度为 0.13，生态等级为很差。

表 4-31 小嵛岛植被类型的面积及所占比例

植被类型	斑块数/个	植被面积/公顷	所占比例/%
阔叶林	3	12.36	100.0

2. 潮间带生物①

潮间带底栖生物：小嵛岛潮间带底栖生物共有 40 种，其中多毛类 10 种，软体动物 8 种，甲壳动物 17 种，其他动物 5 种。潮间带底栖生物平均栖息密度为 330 个/米^2，平均生物量为 91.72 克/米^2。小嵛海域的潮间带底栖生物多样性指数为 3.28，根据隶属度函数计算得出小嵛岛潮间带底栖生物对应的生态隶属度为 0.71，生态等级为良。

3. 近海海域生物①

1）浮游植物：小嵛岛海域的浮游植物以硅藻和甲藻为主，分别有 37 种和 4 种。小嵛岛海域的浮游植物数量平均为 5.8×10^5 个/米^3。浮游植物生物多样性指数为 2.82，根据隶属度函数计算得出小嵛岛浮游植物对应的生态隶属度为 0.56，生态等级为一般。

2）浮游动物：小嵛岛周围海域各类浮游动物 77 种，占优势的是浮游幼虫（幼体）15 种和桡足类 39 种。浮游动物生物量（湿重）较为均匀，范围在 127.5～281.3 毫克/米^3，平均 217.77 毫克/米^3。生物量的平面分布没有出现明显的数量密集区。浮游动物生物多样性指数为 1.83，根据隶属度函数计算得出小嵛岛浮游动物对应的生态隶属度为 0.37，生态等级为差。

3）浅海底栖生物：小嵛岛周围海域底栖生物种类 19 种，平均生物量为 37.03 克/米^2，平均密度为 133.3 个/米^2。浅海底栖生物生物多样性指数为 2.48，根据隶属度函数计算得出小嵛岛浅海底栖生物对应的生态隶属度为 0.50，生态等级为一般。

---

① 监测数据参见《大小嵛陆岛交通码头海域论证报告表》，2006 年。

三、非生物环境状态

1. 海水环境质量[①]

小嵩岛周围海域 COD 含量为 0.86 毫克/升，石油类含量为 0.017 毫克/升，符合国家海水水质第一类标准；无机氮含量为 0.93 毫克/升，超过国家海水水质第四类标准；活性磷酸盐含量为 0.088 毫克/升，超过国家海水水质第四类标准。

根据隶属度函数计算可得小嵩岛海水环境质量中 COD、无机氮、活性磷酸盐和石油类含量的生态隶属度分别为 1.00、0.03、0.01 和 1.00，生态等级分别为优、很差、很差和优。

2. 沉积物环境质量[①]

小嵩岛周围海域沉积物中有机碳含量为 0.67%，硫化物含量为 61.23×10^{-6}，石油类含量为 5.15×10^{-6}，均符合国家海洋沉积物质量第一类标准。

根据隶属度函数计算可得小嵩岛周围海域沉积物中有机碳、硫化物和石油类含量对应的生态隶属度均为 1.00，生态等级均为优。

3. 地质地貌

1）潮间带底质类型数：小嵩岛潮间带仅有岩石滩和沙滩 2 种类型，提供给各种生物的栖息环境较为单一。根据隶属度函数计算可得小嵩岛潮间带底质类型数对应的生态隶属度为 0.40，生态等级为差。

2）岛陆平均坡度：小嵩岛的岛陆平均坡度为 3.7 度，根据隶属度函数计算可得小嵩岛岛陆平均坡度对应的生态隶属度为 0.90，说明其地形较好的支撑了海岛的水土保持，生态等级为优。

四、景观格局

1. 自然性

自然性指数：小嵩岛土地利用详见表4-32，其中林地为自然景观。小嵩岛

---

① 监测数据参见《大小嵩陆岛交通码头海域论证报告表》，2006 年。

总面积为 97.47 公顷，自然景观面积为 12.36 公顷，海岛自然性指数为 0.13。根据隶属度函数计算可得小嵊岛自然性指数的生态隶属度为 0.13，生态等级为很差。

表 4-32 小嵊岛各种土地利用面积及所占比例

序号	土地类型（一级类）	土地类型（二级类）	面积/公顷	所占比例/%
1	林地	有林地	12.36	12.7
2	住宅用地	农村宅基地	29.47	30.2
3	耕地	旱地	6.81	7.0
4	水域及水利设施用地	内陆滩涂、坑塘和水工建筑用地	31.92	32.8
5	交通用地	港口码头用地	0.90	0.9
6	特殊用地	特殊用地	16.01	16.4

2. 破碎化

斑块密度指数：小嵊岛的斑块密度指数为 27.70，根据隶属度函数计算可得小嵊岛斑块密度指数的生态隶属度为 0.66，生态等级为良。

五、自然条件

1. 气候条件

1）年均降水量：小嵊岛多年平均降水量为 1183.4 毫米，根据隶属度函数计算可得小嵊岛年均降水量的生态隶属度为 0.78，生态等级为良。

2）年均风速：小嵊岛多年平均风速为 3.8 米/秒，根据隶属度函数计算可得小嵊岛年均风速的生态隶属度为 0.80，生态等级为良。

2. 自然灾害

1）台风次数：2005～2009 年小嵊岛附近海域受台风影响的次数为 6 次。根据隶属度函数计算可得小嵊岛台风次数对应的生态隶属度为 0.60，生态等级为一般。

2）赤潮发生次数：2005～2009 年小嵊岛附近海域没有发生过赤潮，对应的生态隶属度为 1.00，生态等级为优。

六、评价结果

根据小嵛岛生态系统评价指标的生态隶属度，按照层次分析法、熵值法和综合法确定的各指标权重来计算，三种方法得出的小嵛岛生态系统评价综合得分分别为0.49、0.64和0.50，表明小嵛岛生态系统状态为良至一般，平均得分结果为生态等级一般，详见表4-33～表4-35和图4-20～图4-21。

评价结果显示，小嵛岛生物状态的生态等级为一般至差，非生物环境状态的生态等级为良至一般，景观格局生态等级为差，自然条件的生态等级为优至良。生物状态指标中，由于岛陆主要被住宅用地和其他开发用地占据，岛陆植被覆盖率低，生态等级为很差，是影响小嵛岛生态系统状态的关键指标之一；近海海域生物和潮间带生物生态等级为一般和良，说明小嵛岛周围海域生物多样性较高，生物群落相对稳定。非生物环境状态指标中，沉积物环境质量生态等级为优，海水环境质量生态等级均为一般至差，海水环境质量不容乐观；地质地貌的生态等级为良至一般。景观格局指标中，小嵛岛自然性很低，人工景观占绝对优势，景观斑块破碎化程度较低，说明小嵛岛受人类开发活动的影响较大。自然条件的评价结果为良至优，小嵛岛所处的自然条件较好，基本不会对小嵛岛生态系统的稳定性产生明显的不利影响。总体而言，小嵛岛明显受人类开发利用活动的影响，生态环境质量一般，自然性低，生态系统不够稳定。

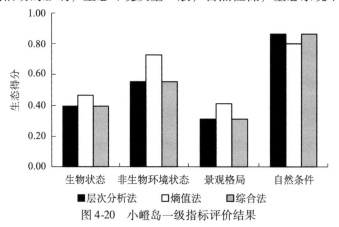

图4-20　小嵛岛一级指标评价结果

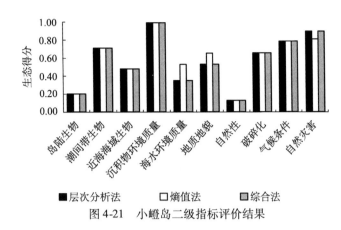

图 4-21 小嵊岛二级指标评价结果

表 4-33 层次分析法评价结果

总指标	分值	一级指标	分值	二级指标	分值	三级指标	隶属度
小嵊岛生态系统	0.49	生物状态	0.40	岛陆生物	0.20	植被覆盖率	0.20
				潮间带生物	0.71	潮间带底栖生物多样性指数	0.71
				近海海域生物	0.48	浮游植物生物多样性指数	0.56
						浮游动物生物多样性指数	0.37
						浅海底栖生物多样性指数	0.50
		非生物环境状态	0.55	沉积物环境质量	1.00	有机碳	1.00
						硫化物	1.00
						石油类	1.00
				海水环境质量	0.35	COD	1.00
						无机氮	0.03
						活性磷酸盐	0.01
						石油类	1.00
				地质地貌	0.53	海岛潮间带底质类型数	0.40
						岛陆平均坡度	0.90
		景观格局	0.31	自然性	0.13	自然性指数	0.13
				破碎化	0.66	破碎化指数	0.66
		自然条件	0.86	气候条件	0.79	年均降水量	0.78
						年平均风速	0.80
				自然灾害	0.90	赤潮发生次数	1.00
						台风发生次数	0.60

表4-34 熵值法评价结果

总指标	分值	一级指标	分值	二级指标	分值	三级指标	隶属度
小嶝岛生态系统	0.64	生物状态	0.46	岛陆生物	0.20	植被覆盖率	0.20
				潮间带生物	0.71	潮间带底栖生物多样性指数	0.71
				近海海域生物	0.48	浮游植物生物多样性指数	0.56
						浮游动物生物多样性指数	0.37
						浅海底栖生物多样性指数	0.50
		非生物环境状态	0.73	沉积物环境质量	1.00	有机碳	1.00
						硫化物	1.00
						石油类	1.00
				海水环境质量	0.53	COD	1.00
						无机氮	0.03
						活性磷酸盐	0.01
						石油类	1.00
				地质地貌	0.65	海岛潮间带底质类型数	0.40
						岛陆平均坡度	0.90
		景观格局	0.41	自然性	0.13	自然性指数	0.13
				破碎化	0.66	破碎化指数	0.66
		自然条件	0.80	气候条件	0.79	年均降水量	0.78
						年平均风速	0.80
				自然灾害	0.81	赤潮发生次数	1.00
						台风发生次数	0.60

表4-35 综合法评价结果

总指标	分值	一级指标	分值	二级指标	分值	三级指标	隶属度
小嶝岛生态系统	0.50	生物状态	0.40	岛陆生物	0.20	植被覆盖率	0.20
				潮间带生物	0.71	潮间带底栖生物多样性指数	0.71
				近海海域生物	0.48	浮游植物生物多样性指数	0.56
						浮游动物生物多样性指数	0.37
						浅海底栖生物多样性指数	0.50
		非生物环境状态	0.56	沉积物环境质量	1.00	有机碳	1.00
						硫化物	1.00
						石油类	1.00
				海水环境质量	0.36	COD	1.00
						无机氮	0.03
						活性磷酸盐	0.01
						石油类	1.00
				地质地貌	0.53	海岛潮间带底质类型数	0.40
						岛陆平均坡度	0.90
		景观格局	0.31	自然性	0.13	自然性指数	0.13
				破碎化	0.66	破碎化指数	0.66
		自然条件	0.86	气候条件	0.79	年均降水量	0.78
						年平均风速	0.80
				自然灾害	0.89	赤潮发生次数	1.00
						台风发生次数	0.60

第八节 塔 屿

一、评价范围

以塔屿周围海域水下地形转折处为界，塔屿评价范围包括 67.28 公顷的岛陆及其周围面积 93.25 公顷的海域，详见图 4-22。

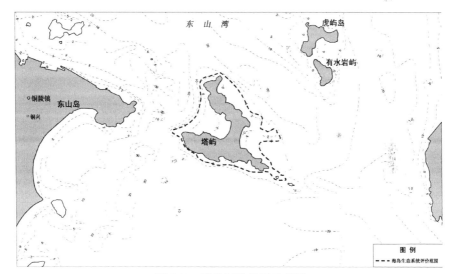

图 4-22 塔屿评价范围示意图

二、生物状态

1. 岛陆生物

植被覆盖率：塔屿是东山国家森林公园的一部分，并以生态保护和旅游开发利用为主，因此森林保护状况较好，植被覆盖率高。岛上植被以阔叶林为主，面积 48.49 公顷，占海岛面积的 72.07%，详见表 4-36。根据隶属度函数计算得出塔屿植被覆盖率指标对应的生态隶属度为 0.72，生态等级为良。

表 4-36　塔屿植被类型的面积及所占比例

植被类型	斑块数/个	植被面积/公顷	所占比例/%
阔叶林	2	48.49	100.0

2. 潮间带生物[①]

潮间带底栖生物：塔屿的潮间带底栖生物有 63 种，软体动物最多 23 种，甲壳动物 20 种，多毛类 15 种，鱼类 2 种，纽形动物和腔肠动物各 1 种。潮间带底栖生物的栖息密度平均为 109 个/米^2，生物量平均为 47.44 克/米^2。潮间带底栖生物多样性指数为 1.68，根据隶属度函数计算得出塔屿潮间带底栖生物对应的生态隶属度为 0.34，生态等级为差。

3. 近海海域生物[①]

1）浮游植物：塔屿周围海域浮游植物生物多样性指数为 0.57，根据隶属度函数计算得出塔屿浮游植物对应的生态隶属度为 0.03，生态等级为很差。

2）浮游动物：塔屿周围海域有浮游动物种类 42 种和浮游幼体 14 种（包括鱼卵、仔鱼），秋季种类数多于春季，分别为 35 种和 19 种，浮游幼体分别为 14 种和 9 种。浮游动物生物多样性指数为 4.90，根据隶属度函数计算得出塔屿浮游动物对应的生态隶属度为 0.96，生态等级为优。

3）浅海底栖生物：塔屿周围海域有底栖生物种类 52 种，其中多毛类种数最多有 21 种，软体动物和甲壳动物分别为 14 种和 13 种，其他类别腔肠动物、拟软体动物、棘皮动物、鱼类各 1 种。浅海底栖生物生物多样性指数为 3.46，根据隶属度函数计算得出塔屿浅海底栖生物对应的生态隶属度为 0.78，生态等级为良。

三、非生物环境状态

1. 海水环境质量[①]

塔屿周围海域 COD 含量为 0.78 毫克/升，无机氮平均含量为 0.07 毫克/升，

---

① 监测数据参见《东山湾海洋生态环境调查报告》，2007 年。

活性磷酸盐平均含量为0.03毫克/升，石油类平均含量为0.04毫克/升，均符合国家海水水质第二类标准，水质状况良好。

根据隶属度函数计算可得塔屿海水环境质量中COD、无机氮、活性磷酸盐和石油类含量的生态隶属度分别为1.00、1.00、0.46和0.88，生态等级分别为优、优、一般和优。

2. 沉积物环境质量①

塔屿周围海域沉积物中有机碳含量为0.89%，硫化物含量为99.6×10^{-6}，石油类含量为95.2×10^{-6}，均符合国家海洋沉积物质量第一类标准。

根据隶属度函数计算可得塔屿周围海域沉积物中有机碳、硫化物和石油类含量对应的生态隶属度均为1.00，生态等级均为优。

3. 地质地貌

1）潮间带底质类型数：塔屿潮间带有岩石滩、沙滩和淤泥滩3种类型，能给各种生物提供较为多样的栖息环境。根据隶属度函数计算可得塔屿潮间带底质类型数对应的生态隶属度为0.60，生态等级为一般。

2）岛陆平均坡度：塔屿的岛陆平均坡度为13.2度，根据隶属度函数计算可得塔屿岛陆平均坡度对应的生态隶属度为0.66，生态等级为良。

四、景观格局

1. 自然性

自然性指数：塔屿土地利用详见表4-37，其中林地和其他用地为自然景观。塔屿总面积为67.28公顷，自然景观面积为65.93公顷，海岛自然性指数为0.98。根据隶属度函数计算可得塔屿自然性指数的生态隶属度为0.98，生态等级为优。

---

① 监测数据参见《东山湾海洋生态环境调查报告》，2007年。

表 4-37　塔屿各种土地利用面积及所占比例

序号	土地类型（一级类）	土地类型（二级类）	面积/公顷	所占比例/%
1	林地	有林地	48.49	72.1
2	特殊用地	特殊用地	1.08	1.6
3	交通运输用地	港口码头用地	0.27	0.4
4	其他用地	裸地	17.44	25.9

2. 破碎化

斑块密度指数：塔屿的斑块密度指数为 13.38，根据隶属度函数计算可得塔屿斑块密度指数的生态隶属度为 0.76，生态等级为良。

五、自然条件

1. 气候条件

1）年均降水量：塔屿多年平均降水量为 1256.0 毫米，根据隶属度函数计算可得塔屿年均降水量的生态隶属度为 0.67，生态等级为良。

2）年均风速：塔屿多年平均风速为 6.2 米/秒，根据隶属度函数计算可得塔屿年均风速的生态隶属度为 0.53，生态等级为一般。

2. 自然灾害

1）台风次数：2005～2009 年塔屿附近海域受台风影响的次数为 2 次。根据隶属度函数计算可得塔屿台风次数对应的生态隶属度为 0.87，生态等级为优。

2）赤潮发生次数：2005～2009 年塔屿附近海域发生过 1 次赤潮，对应的生态隶属度为 0.80，生态等级为良。

六、评价结果

根据塔屿生态系统评价指标的生态隶属度，按照层次分析法、熵值法和综合法确定的各指标权重来计算，三种方法得出的塔屿生态系统评价综合得分分别为 0.73、0.76 和 0.73，三种评价方法的评价得分基本相似，说明塔屿生态系统处状态良好，详见表 4-38～表 4-40 和图 4-23～图 4-24。

评价结果显示，塔屿生物状态的生态等级为一般，非生物环境状态的生态等级为良至优，景观格局的生态等级为优，自然条件的生态等级为良。生物状态指标中，岛陆植被覆盖率较高，岛陆生物的生态等级为良，近海海域生物生态等级为一般，而潮间带生物生态等级为差。非生物环境状态指标中，沉积物环境质量生态等级为优，海水环境质量生态等级为良至优，地质地貌的生态等级为良，表明塔屿的生态环境质量较好。景观格局指标中，塔屿自然性高，自然景观占绝对优势，景观斑块破碎化程度也较低，说明塔屿岛陆受人类开发活动的影响较小，这与当地将塔屿规划为旅游海岛，长期对其生态环境保护有关。自然条件的评价结果为良，塔屿所处自然条件较好，不会对塔屿生态系统的稳定性产生明显的不利影响。总体而言，塔屿环境质量较好，生态功能较完善，自然性较高，生态系统较稳定。

表 4-38　层次分析法评价结果

总指标	分值	一级指标	分值	二级指标	分值	三级指标	隶属度
塔屿生态系统	0.73	生物状态	0.60	岛陆生物	0.74	植被覆盖率	0.74
				潮间带生物	0.34	潮间带底栖生物多样性指数	0.34
				近海海域生物	0.59	浮游植物生物多样性指数	0.03
						浮游动物生物多样性指数	0.96
						浅海底栖生物多样性指数	0.78
		非生物环境状态	0.80	沉积物环境质量	1.00	有机碳	1.00
						硫化物	1.00
						石油类	1.00
				海水环境质量	0.80	COD	1.00
						无机氮	1.00
						活性磷酸盐	0.46
						石油类	0.88
				地质地貌	0.63	海岛潮间带底质类型数	0.60
						岛陆平均坡度	0.66
		景观格局	0.90	自然性	0.98	自然性指数	0.98
				破碎化	0.76	破碎化指数	0.76
		自然条件	0.75	气候条件	0.60	年均降水量	0.67
						年平均风速	0.53
				自然灾害	0.82	赤潮发生次数	1.80
						台风发生次数	0.87

表4-39 熵值法评价结果

总指标	分值	一级指标	分值	二级指标	分值	三级指标	隶属度
塔屿生态系统	0.76	生物状态	0.57	岛陆生物	0.74	植被覆盖率	0.74
				潮间带生物	0.34	潮间带底栖生物多样性指数	0.34
				近海海域生物	0.59	浮游植物生物多样性指数	0.03
						浮游动物生物多样性指数	0.96
						浅海底栖生物多样性指数	0.78
		非生物环境状态	0.85	沉积物环境质量	1.00	有机碳	1.00
						硫化物	1.00
						石油类	1.00
				海水环境质量	0.84	COD	1.00
						无机氮	1.00
						活性磷酸盐	0.46
						石油类	0.88
				地质地貌	0.63	海岛潮间带底质类型数	0.60
						岛陆平均坡度	0.66
		景观格局	0.86	自然性	0.98	自然性指数	0.98
				破碎化	0.76	破碎化指数	0.76
		自然条件	0.72	气候条件	0.60	年均降水量	0.67
						年平均风速	0.53
				自然灾害	0.83	赤潮发生次数	1.80
						台风发生次数	0.87

表4-40 综合法评价结果

总指标	分值	一级指标	分值	二级指标	分值	三级指标	隶属度
塔屿生态系统	0.73	生物状态	0.60	岛陆生物	0.74	植被覆盖率	0.74
				潮间带生物	0.34	潮间带底栖生物多样性指数	0.34
				近海海域生物	0.59	浮游植物生物多样性指数	0.03
						浮游动物生物多样性指数	0.96
						浅海底栖生物多样性指数	0.78
		非生物环境状态	0.81	沉积物环境质量	1.00	有机碳	1.00
						硫化物	1.00
						石油类	1.00
				海水环境质量	0.80	COD	1.00
						无机氮	1.00
						活性磷酸盐	0.46
						石油类	0.88
				地质地貌	0.62	海岛潮间带底质类型数	0.60
						岛陆平均坡度	0.66
		景观格局	0.90	自然性	0.98	自然性指数	0.98
				破碎化	0.76	破碎化指数	0.76
		自然条件	0.74	气候条件	0.60	年均降水量	0.67
						年平均风速	0.53
				自然灾害	0.82	赤潮发生次数	1.80
						台风发生次数	0.87

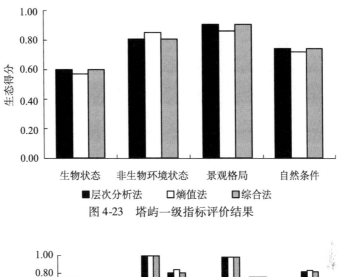

图 4-23 塔屿一级指标评价结果

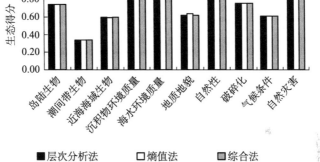

图 4-24 塔屿二级指标评价结果

第九节 西 屿

一、评价范围

以西屿周围海域水下地形转折处为界，西屿评价范围包括 115.36 公顷的岛陆及其周围面积 1515.82 公顷的海域，详见图 4-25。

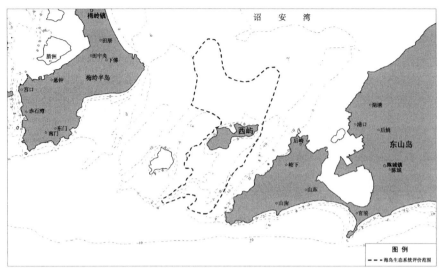

图 4-25　西屿评价范围示意图

二、生物状态

1. 岛陆生物

植被覆盖率：西屿 1986 年 9 月成立农业引种隔离场，并从国内外引进数百种蔬菜和水果。主要植被类型有针叶林、灌丛和木本栽培植物，面积分别为 102.26 公顷、10.28 公顷、2.16 公顷，植被覆盖率为 99.43%，详见表 4-41。根据隶属度函数计算得出西屿植被覆盖率指标对应的生态隶属度为 0.99，生态等级为优。

表 4-41　西屿植被类型的面积及所占比例

植被类型	斑块数/个	植被面积/公顷	所占比例/%
木本栽培植被	1	2.16	1.9
灌丛	1	10.28	9.0
针叶林	2	102.26	89.1

2. 潮间带生物[①]

潮间带底栖生物：西屿潮间带底栖生物组成以软体动物、甲壳动物和多毛

---

① 监测数据参见《福建省海湾数模研究》，2006 年。

类为主，生物量以藻类最多，甲壳动物次之。西屿潮间带底栖生物的生物多样性指数为 2.31，根据隶属度函数计算得出西屿潮间带底栖生物对应的生态隶属度为 0.46，生态等级为一般。

3. 近海海域生物

1）浮游植物：西屿周围海域浮游植物生物多样性指数为 0.85，根据隶属度函数计算得出西屿浮游植物对应的生态隶属度为 0.14，生态等级为很差。

2）浮游动物：西屿周围海域浮游动物生物多样性指数为 1.45，根据隶属度函数计算得出西屿浮游动物对应的生态隶属度为 0.29，生态等级为差。

3）浅海底栖生物：西屿周围海域浅海底栖生物生物多样性指数为 4.22，根据隶属度函数计算得出西屿浅海底栖生物对应的生态隶属度为 1.00，生态等级为优。

三、非生物环境状态

1. 海水环境质量

西屿周围海域 COD 含量为 0.56 毫克/升，石油类含量为 0.01 毫克/升，符合国家海水水质第一类标准；无机氮含量为 0.16 毫克/升，活性磷酸盐含量为 0.02 毫克/升，符合国家海水水质第二类标准。

根据隶属度函数计算可得西屿海水环境质量中 COD、无机氮、活性磷酸盐和石油类含量的生态隶属度分别为 1.00、0.87、0.77 和 1.00，生态等级分别为优、优、良和优。

2. 沉积物环境质量[①]

西屿周围海域沉积物中有机碳含量为 0.70%，硫化物含量为 62.8×10^{-6}，石油类含量为 4.2×10^{-6}，均符合国家海洋沉积物第一类标准。

---

① 监测数据参见《福建省海湾数模研究》，2006 年。

根据隶属度函数计算可得西屿周围海域沉积物中有机碳、硫化物和石油类含量对应的生态隶属度分别为1.00、0.97、1.00，生态等级均为优。

3. 地质地貌

1）潮间带底质类型数：西屿潮间带仅有岩石滩和沙滩2种类型，提供给各种生物的栖息环境较为单一。根据隶属度函数计算可得西屿潮间带底质类型数对应的生态隶属度为0.40，生态等级为差。

2）岛陆平均坡度：西屿的岛陆平均坡度为17.4度，较大的岛陆坡度增加降雨对海岛土层的冲刷以及加剧海岛水土流失的风险。根据隶属度函数计算可得西屿岛陆平均坡度对应的生态隶属度为0.55，生态等级为一般。

四、景观格局

1. 自然性

自然性指数：西屿土地利用详见表4-42，其中林地和其他用地为自然景观。西屿总面积为115.36公顷，自然景观面积为113.05公顷，海岛自然性指数为0.98。根据隶属度函数计算可得西屿自然性指数的生态隶属度为0.98，生态等级为优。

表4-42　西屿各种土地利用面积及所占比例

序号	土地类型（一级类）	土地类型（二级类）	面积/公顷	所占比例/%
1	林地	有林地和灌木林地	112.54	97.6
2	园地	果园	2.16	1.9
3	交通运输用地	港口码头用地	0.15	0.1
4	其他用地	裸地	0.51	0.4

2. 破碎化

斑块密度指数：西屿的斑块密度指数为6.93，根据隶属度函数计算可得西屿斑块密度指数的生态隶属度为0.80，生态等级为良。

五、自然条件

1. 气候条件

1）年均降水量：西屿多年平均降水量为 1256.0 毫米，根据隶属度函数计算可得西屿年均降水量的生态隶属度为 0.67，生态等级为良。

2）年均风速：西屿多年平均风速为 6.2 米/秒，根据隶属度函数计算可得西屿年均风速的生态隶属度为 0.53，生态等级为一般。

2. 自然灾害

1）台风次数：2005～2009 年西屿附近海域受台风影响的次数为 2 次。根据隶属度函数计算可得西屿台风次数对应的生态隶属度为 0.87，生态等级为优。

2）赤潮发生次数：2005～2009 年西屿附近海域没有发生过赤潮，对应的生态隶属度为 1.00，生态等级为优。

六、评价结果

根据西屿生态系统评价指标的生态隶属度，按照层次分析法、熵值法和综合法确定的各指标权重来计算，三种方法得出的西屿生态系统评价综合得分分别为 0.81、0.80 和 0.81，三种评价方法的评价得分基本相似，说明西屿生态系统状态优秀，详见表 4-43～表 4-45 和图 4-26～图 4-27。

评价结果显示，西屿生物状态的生态等级为良至一般，非生物环境状态的生态等级在良至优，景观格局生态等级为优，自然条件的生态等级为良至优。生物状态指标中，岛陆植被覆盖率很高，岛陆生物的生态等级为优，近海海域生物和潮间带生物生态等级均为一般。非生物环境状态指标中，沉积物环境质量和海水环境质量的生态等级均为优，表明西屿的生态环境质量较好，而地质地貌指标由于其潮间带类型数少和地形坡度较大，生态等级为一般。景观格局指标中，西屿自然性高，自然景观占绝对优势，景观斑块破碎化程度低，说明西屿岛陆受人类开发活动的影响很小，这与当地将西屿规划为科学实验岛，长期对其生态环境进行保护有关。自然条件的评价结果为良至优，西屿所处自然条件较好，对西屿生态系统的稳定性不会产生明显的不利影响。总体而言，西屿环境质量较好，生物多样性水平高，自然性高，生态功能较完善，生态系统稳定。

表 4-43 层次分析法评价结果

总指标	分值	一级指标	分值	二级指标	分值	三级指标	隶属度
西屿生态系统	0.81	生物状态	0.73	岛陆生物	0.99	植被覆盖率	0.99
				潮间带生物	0.46	潮间带底栖生物多样性指数	0.46
				近海海域生物	0.48	浮游植物生物多样性指数	0.14
						浮游动物生物多样性指数	0.29
						浅海底栖生物多样性指数	1.00
		非生物环境状态	0.80	沉积物环境质量	0.99	有机碳	1.00
						硫化物	0.97
						石油类	1.00
				海水环境质量	0.88	COD	1.00
						无机氮	0.87
						活性磷酸盐	0.77
						石油类	1.00
				地质地貌	0.44	海岛潮间带底质类型数	0.40
						岛陆平均坡度	0.55
		景观格局	0.92	自然性	0.98	自然性指数	0.98
				破碎化	0.80	破碎化指数	0.80
		自然条件	0.85	气候条件	0.60	年均降水量	0.67
						年平均风速	0.53
				自然灾害	0.97	赤潮发生次数	1.00
						台风发生次数	0.87

表4-44　熵值法评价结果

总指标	分值	一级指标	分值	二级指标	分值	三级指标	隶属度
西屿生态系统	0.80	生物状态	0.59	岛陆生物	0.99	植被覆盖率	0.99
				潮间带生物	0.46	潮间带底栖生物多样性指数	0.46
				近海海域生物	0.48	浮游植物生物多样性指数	0.14
						浮游动物生物多样性指数	0.29
						浅海底栖生物多样性指数	1.00
		非生物环境状态	0.85	沉积物环境质量	0.99	有机碳	1.00
						硫化物	0.97
						石油类	1.00
				海水环境质量	0.91	COD	1.00
						无机氮	0.87
						活性磷酸盐	0.77
						石油类	1.00
				地质地貌	0.48	海岛潮间带底质类型数	0.40
						岛陆平均坡度	0.55
		景观格局	0.89	自然性	0.98	自然性指数	0.98
				破碎化	0.80	破碎化指数	0.80
		自然条件	0.77	气候条件	0.60	年均降水量	0.67
						年平均风速	0.53
				自然灾害	0.94	赤潮发生次数	1.00
						台风发生次数	0.87

表4-45　综合法评价结果

总指标	分值	一级指标	分值	二级指标	分值	三级指标	隶属度
西屿生态系统	0.81	生物状态	0.73	岛陆生物	0.99	植被覆盖率	0.99
				潮间带生物	0.46	潮间带底栖生物多样性指数	0.46
				近海海域生物	0.48	浮游植物生物多样性指数	0.14
						浮游动物生物多样性指数	0.29
						浅海底栖生物多样性指数	1.00
		非生物环境状态	0.80	沉积物环境质量	0.99	有机碳	1.00
						硫化物	0.97
						石油类	1.00
				海水环境质量	0.88	COD	1.00
						无机氮	0.87
						活性磷酸盐	0.77
						石油类	1.00
				地质地貌	0.44	海岛潮间带底质类型数	0.40
						岛陆平均坡度	0.55
		景观格局	0.92	自然性	0.98	自然性指数	0.98
				破碎化	0.80	破碎化指数	0.80
		自然条件	0.84	气候条件	0.60	年均降水量	0.67
						年平均风速	0.53
				自然灾害	0.96	赤潮发生次数	1.00
						台风发生次数	0.87

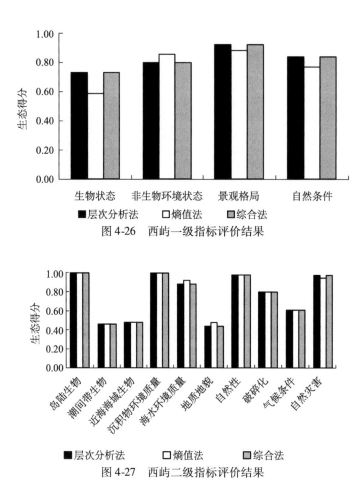

图 4-26 西屿一级指标评价结果

图 4-27 西屿二级指标评价结果

第十节 综 合 评 价

将三种赋权方法得到的典型海岛生态系统状态评价结果进行算术平均，得
到各海岛生态系统状态的综合评价结果，详见表 4-46 和图 4-28：六屿和小嵛岛
生态系统的生态等级为一般，西屿的生态系统等级为优，其他海岛生态系统等
级均为良。从典型海岛生态等级的分布来看，大多数海岛生态系统的生态等级
为良，生态等级为优的海岛较少，说明大多数海岛已受到人类开发活动的影响，
另外还有部分海岛受人类活动干扰较为显著，生态等级为一般甚至更低。

　　将所有典型海岛的评价结果进行平均，可得福建典型海岛生态系统状态综合评价得分为 0.69，生态等级为良。这一评价结果基本反映了福建海岛总体的生态系统状态，表明区域内海岛的生态系统状态良好，其区域环境质量较好，受到轻微污染；生物多样性较高，特有物种或关键物种保有较好，生物类群结构种类虽受到一定干扰，但在生态系统承受能力范围内，生态系统较稳定，生态功能较完善；自然性较高，异质性较低，景观破碎化较小。

表 4-46　福建典型海岛生态系统状态综合评价结果

岛屿	六屿	东安岛	川石岛	岗屿	南日岛	大墜岛	小嵛岛	塔屿	西屿	平均
层次分析法	0.56	0.76	0.71	0.73	0.63	0.72	0.49	0.73	0.81	0.68
熵值法	0.53	0.74	0.70	0.70	0.71	0.71	0.64	0.76	0.80	0.70
综合法	0.56	0.76	0.71	0.72	0.63	0.72	0.50	0.73	0.81	0.68
平均	0.55	0.75	0.70	0.72	0.66	0.72	0.54	0.74	0.81	0.69
生态等级	一般	良	良	良	良	良	一般	良	优	良

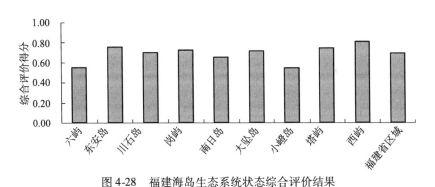

图 4-28　福建海岛生态系统状态综合评价结果

一、分类别评价

　　典型海岛生态系统状态评价的目的在于通过了解典型海岛生态系统状态，以点带面，为认识它们所属类别海岛的生态系统状态以及海岛生态系统管理提供判断参考和依据。

1. 有居民海岛

　　六屿生态系统状态综合评价得分较低，主要是由于潮间带生物和近海海域生物多样性较低。它代表了福建近岸的部分海岛，这类海岛岛陆面积小，岛上开发适宜性差，仅有少量的开发利用活动，岛陆生态系统相对稳定，但其距离社会经济发达的大陆近，水动力条件较差，受大陆和近海的人类活动影响明显，潮间带和近海海域生态系统相对较差。这类海岛生态系统状态一般，管理上应从区域（大陆至海岛）的角度，对岛陆周围海域的生态系统进行重点管理。

小嵛岛生态系统状态综合评价得分较低是其岛陆开发利用活动强度过大，岛陆生物和景观自然性水平很差所致。它代表了福建这一类海岛：海岛面向开阔海域，海域生态系统相对稳定，但岛陆面积较小，人口密度高，住宅用地高度集中，人工景观占据绝对优势，岛陆生态系统非常脆弱。这类海岛生态系统状态一般，管理的重点在于对岛陆生态系统进行整治和改造，增加植被覆盖率，尤其是集中区域进行植树造林，增加高生态服务价值的森林面积，提高海岛自然性。

南日岛为乡级岛，岛上社会经济较为发达，人类开发利用活动频繁，其生态系统状态评价综合得分相对于西屿等生态环境保护较好的海岛要低，但高于同样有高强度开发利用活动的小嵛岛，这主要得益于南日岛岛陆面积大，生态系统承载力较高。南日岛生态系统的薄弱环节是其岛陆自然性较低，人工景观占据优势说明人类开发活动对南日岛生态系统具有明显影响。虽然如此，南日岛景观斑块破碎化程度仍较低，这与南日岛面积人类开发活动较为集中有关。因此，南日岛代表了福建这一类海岛：海岛面向开阔的、水动力条件好的海域，岛陆面积大，人类开发利用活动强度高。这类海岛生态系统状态良好，它们具有较强的承载力和抗干扰力，适宜进行一定程度的开发利用，但应以生态系统管理为中心进行开发利用规划，引导人类居住和开发利用活动区域集中布局，保护和整治自然景观斑块，以提高海岛的自然性，降低景观斑块破碎化程度。

东安岛、川石岛与六屿、小嵛岛同为村级有居民海岛，但其生态系统状态综合评价得分相对较高，生态等级为良。这一方面是因为东安岛和川石岛岛陆面积较大，生态系统承载力较强，另一方面是因为东安岛和川石岛的开发利用强度适中，介于六屿和小嵛岛之间，人口居住区相对集中，景观斑块破碎化程度低，这一类海岛生态等级为良。从南日岛、东安岛和川石岛的案例研究中，可以认为具有较大岛陆面积的海岛适宜一定程度的开发利用，只要遵循海岛生态系统规律，了解这一海岛生态系统的优势和弱势，进行合理规划和布局，就不会对海岛生态系统产生明显不利的影响。

2. 无居民海岛

典型海岛中，岗屿、大坠岛、塔屿和西屿属无居民海岛，其生态评价综合得分较高，生态等级为优至良，基本上可以代表福建省无居民海岛的生态系统状况（整岛开发，海岛属性已发生改变的除外）。无居民海岛受人类活动干扰和破坏程度相对较低，植被覆盖率较高，所处海域水动力条件佳，沉积物环境质量和水质环境质量较好，景观自然性较高，破碎化程度较低，生态系统较为稳定。但是从典型海岛——岗屿的案例研究来看，虽然岗屿人为的开发活动规模很小，但景观斑块仍有较高程度的破碎化，这种现象表明无居民海岛岛陆面积小，岛陆生态系统较为脆弱，生态承载力较差，从维持或保护无居民海岛本身生态系统的角度而言，不适宜大规模开发利用。

二、分目标评价

1. 一级指标

福建典型海岛生态系统一级评价指标的评价结果见表4-47。

表4-47　福建海岛一级指标评价结果

一级指标		生物状态	非生物环境状态	景观格局	自然条件
有居民海岛	六屿	0.47	0.54	0.63	0.68
	东安岛	0.72	0.81	0.70	0.67
	川石岛	0.59	0.76	0.79	0.72
	南日岛	0.56	0.79	0.52	0.63
	小嶝岛	0.42	0.61	0.34	0.84
	平均	0.55	0.70	0.60	0.71

一级指标		生物状态	非生物环境状态	景观格局	自然条件
无居民海岛	岗屿	0.73	0.73	0.67	0.64
	大坠岛	0.66	0.74	0.88	0.59
	塔屿	0.59	0.82	0.89	0.74
	西屿	0.68	0.82	0.91	0.82
	平均	0.66	0.78	0.84	0.70
总平均		0.60	0.74	0.70	0.70

评价结果显示，福建典型海岛除生物状态的生态等级为一般之外，其他三个一级指标的评价等级均为良。总体而言，生物状态指标是福建典型海岛生态系统中相对较为脆弱的一个指标，因此在海岛生态系统管理中应更加注重海岛及周围海域生物群落的保护和修复。

将有居民海岛和无居民海岛的一级指标进行比较分析，可见有居民海岛生物状态为一般，无居民海岛生物状态为良，说明无居民海岛生态系统的生物状态要好于有居民海岛；有居民海岛和无居民海岛的非生物环境状态等级均为良，生态得分分值上无居民海岛要高于有居民海岛；有居民海岛和无居民海岛在景观格局指标上差异较大，无居民海岛的景观格局生态等级为优，而有居民海岛景观格局生态等级仅为一般，表明有居民海岛受人类活动的影响明显大于无居民海岛，也反映出人类活动对海岛生态系统多数为不利影响；自然条件因两者同处一海区，基本没有差异。

从有居民海岛自身而言，生物状态和景观格局是其生态系统中相对较为薄弱的环节，生态等级均为一般；而无居民海岛生态系统则没有明显的薄弱环节，各一级指标生态等级均为良。

2. 二级指标

福建典型海岛生态系统评价指标体系中的二级评价指标的评价结果如表4-48所示。从综合结果来看（图4-29），10项二级指标中沉积物环境质量指标生态得分最高达0.94，生态等级为优，表明福建典型海岛周围海域沉积物环境质量高；其次是岛陆生物得分0.79，生态等级为良，近乎优，表明福建典型海岛的植被覆盖率较高；自然灾害、自然性、海水环境质量、破碎化等指标的生态等级为良，处于较好的生态状态。潮间带生物和近海海域生物指标相对较差，生态得分均低于0.5，生态等级为一般并接近差，可见潮间带生物和近海海域生物是福建典型海岛生态系统的薄弱环节，是海岛生态系统管理中应加以重视的因素。

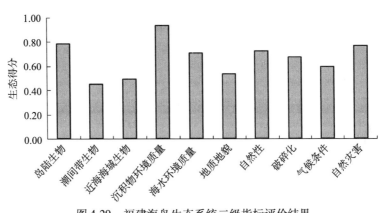

图4-29　福建海岛生态系统二级指标评价结果

表4-48　福建海岛二级指标评价结果

二级指标		岛陆生物	潮间带生物	近海海域生物	沉积物环境质量	海水环境质量	地质地貌	自然性	破碎化	气候条件	自然灾害
有居民海岛	六屿	0.83	0.16	0.28	0.49	0.63	0.43	0.66	0.59	0.45	0.82
	东安岛	0.96	0.46	0.62	1.00	0.81	0.57	0.71	0.70	0.45	0.80
	川石岛	0.89	0.34	0.41	1.00	0.65	0.70	0.80	0.78	0.61	0.78
	南日岛	0.54	0.67	0.51	1.00	0.71	0.69	0.34	0.78	0.77	0.53
	小嶝岛	0.20	0.71	0.48	1.00	0.41	0.57	0.13	0.66	0.79	0.87
	平均	0.68	0.47	0.46	0.90	0.64	0.59	0.53	0.70	0.61	0.76
无居民海岛	岗屿	0.98	0.55	0.56	1.00	0.80	0.27	0.98	0.20	0.61	0.65
	大坠岛	0.95	0.38	0.52	0.99	0.70	0.53	0.95	0.78	0.47	0.67
	塔屿	0.74	0.34	0.59	1.00	0.81	0.62	0.98	0.76	0.60	0.82
	西屿	0.99	0.46	0.48	0.99	0.89	0.45	0.98	0.80	0.60	0.96
	平均	0.91	0.43	0.54	1.00	0.80	0.47	0.97	0.63	0.57	0.77
平均		0.79	0.45	0.49	0.94	0.71	0.54	0.73	0.67	0.60	0.77

将有居民海岛和无居民海岛的生态系统评价指标体系的二级指标进行比较分析（图4-30），可见两者差异最大的指标是岛陆生物和景观自然性。无居民

海岛岛陆生物生态得分为0.91，生态等级为优，而有居民海岛岛陆生物生态得分为0.68，生态等级为良。无居民海岛景观自然性生态得分为0.97，生态等级为优，而有居民海岛景观自然性得分仅为0.53，生态等级为一般。这一评价结果再次表明，有居民海岛受人类活动影响明显大于无居民海岛，反映出人类活动对海岛生态系统多数为不利影响。

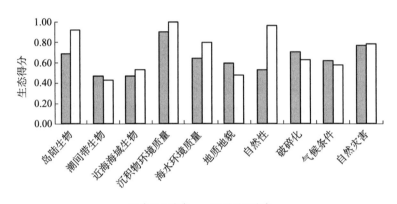

图4-30 福建省有、无居民海岛生态系统二级指标评价结果

3. 三级指标

本书从典型海岛各三级评价指标入手，寻找海岛生态系统现状中的脆弱性指标。脆弱性通常是指生态系统对外来压力或者风险的抵御能力，也可以理解为对生态系统维持自身状态的内在能力。因为海岛生态系统优劣状态是通过三级指标来综合体现的，因此各个三级指标所体现的生态系统的成分、结构或功能因素的优劣隶属度，在很大程度上反映了海岛生态系统组成的脆弱性大小。本书提出的脆弱性指标是根据各个指标生态优劣隶属度大小来进一步分析的。根据指标隶属度与生态优劣描述之间的对应关系，将海岛生态系统第三级评价指标划分为3个等级：非脆弱性指标（1≥指标隶属度>0.4）、脆弱性指标（0.4≥指标隶属度>0.2）、极端脆弱性指标（0.2≥指标隶属度>0）（咨涛，2007）。根据这一脆弱性指标识别方法，各典型海岛的指标类别统计如表4-49所示。

表 4-49　典型海岛生态系统脆弱性指标分布表

评价指标	六屿	东安岛	川石岛	岗屿	南日岛	大坠岛	小嵛岛	塔屿	西屿	频次/%
植被覆盖率								*		11.1
潮间带底栖生物多样性指数	*		+			+		+		44.4
浮游植物生物多样性指数	*			+				*	*	44.4
浮游动物生物多样性指数			+				+		+	33.3
浅海底栖生物多样性指数	*									11.1
有机碳										0%
硫化物	+									11.1
石油类	*									11.1
COD										0
无机氮	*			*		+	*			44.4
活性磷酸盐					+		*			22.2
石油类										0%
海岛潮间带底质类型数	*			*	+	+	+			55.5
岛陆平均坡度				+						11.1
自然性指数					+		*			22.2
破碎化指数				*						11.1
年降水量						+				11.1
年平均风速	+	+								22.2
赤潮发生次数										0
台风发生次数			+	+	+	+	+			55.5

注：＊为极端脆弱性指标；＋为脆弱性指标

从表 4-49 的脆弱性指标识别来看，典型海岛中成为脆弱性指标频次较高的指标是海岛潮间带底质类型数、台风灾害、无机氮、潮间带底栖生物多样性和浮游植物生物多样性等 5 个指标，说明福建典型海岛生态系统中这些指标维持自身状态的能力较差，它们的变动可能会对海岛生态系统产生关键影响，下面对上述 5 个因子逐一分析。

（1）潮间带底质类型数

海岛潮间带底质类型数成为脆弱性指标，可见福建典型海岛潮间带底质类型一般较为单一，无法为潮间带底栖生物、鸟类和其他生物提供多种栖息环境，降低了海岛生物类群的丰富度和群落结构复杂度，从而影响海岛生态系统的稳定性。海岛潮间带底质类型是海岛生态系统自然进化中各种生态因子长期作用的结果，这些因子包括岛陆物质组成、水动力条件、降雨、周围海域地形地貌、泥沙来源等，而这些决定和影响海岛潮间带底质类型的因素相对稳定甚至基本固定不变，因此从全省区域的角度而言，在海岛生态系统演化进程的短期内，海岛潮间带底质类型不会发生明显变化。

（2）台风灾害

台风灾害是影响福建典型海岛生态系统的另一个关键因子。据统计，在 1961～1990 年的 30 年间，影响福建岛区台风共 232 个，平均每年 7.7 个，其中 1990 年达 14 个之多（黄民生等，2005）。台风灾害不仅对海岛植被造成严重破坏，而且往往伴随着风暴潮和暴雨，使海堤溃决、海水倒灌（黄民生，2002），造成水土流失、岸滩侵蚀甚至改变海底地形地貌，严重威胁海岛生态系统的稳定性。

（3）无机氮

福建海区海水中的无机氮含量普遍超标，也是影响海岛地区生态系统的一个关键因子。海水无机氮含量的增加主要来源于人类各种污染物的排放，随着今后海洋开发、海岛开发力度的进一步加大，海水无机氮含量预计将进一步增加，改变海岛周围海域水质环境，从而影响海岛生态系统的稳定性。

（4）潮间带底栖生物生物多样性

福建典型海岛潮间带底栖生物生物多样性水平较低，是福建海岛生态系统中最为薄弱的环节之一。一方面，海岛底栖生物生物多样性与潮间带底质类型数量密切相关，福建海岛潮间带底质类型一般较为单一，在一定程度上降低了潮间带底栖生物的多样性。另一方面，潮间带作为陆海交互作用过度的系统单元，其稳定性并不高，很容易受到人类活动的影响（施华宏和黄长江，2001）。随着采捕作业规模和频率不断加大，致使某些种类（主要是指经济物种）数量锐减甚至消失，而那些非采捕种类的数量就会上升，特别是一些迁移能力强、繁殖速度快、生活周期短、分布广泛的种类，则取代采捕种类的位置而成为优势种类，使次生型群落结构深化，加上人类的环境污染和全球气候变暖等不利因素的综合影响，导致潮间带生物资源趋向单一化。

（5）浮游植物生物多样性

海岛浮游植物生物多样性较低，主要原因是福建海区硅藻类占据优势，占全省总种数的73%，整个海区优势种明显、数量高，浮游植物生物多样性指数和均匀度都较低（张壮丽等，2006）。浮游植物生物多样性指数低是福建海区的普遍规律，而且海岛所属海域与其他海域相连，并不形成一个规模小的独立单元，其群落结构相对稳定，对福建海岛生态系统不会产生明显影响。

综上所述，海岛潮间带底质类型数、台风灾害、无机氮、潮间带底栖生物生物多样性等4个指标是福建典型海岛生态系统的脆弱性指标，它们的变动将会对海岛生态系统产生关键影响。潮间带底质类型在海岛生态系统演化进程的短期内不会发生明显变化，而台风灾害将会严重威胁海岛生态系统的稳定性，但就某一海岛而言，台风灾害的影响并不具有普遍性的规律；福建海区无机氮含量预计将进一步增加，影响海岛生态系统的演化进程；海岛潮间带底栖生物资源趋向单一化，是福建海岛生态系统管理中应给予重点关注的问题之一。

第五章

典型海岛生态系统服务价值评估

第一节 海岛生态系统服务价值评估方法

生态系统服务及其价值评估的研究是生态系统评价及其管理研究的一个重要组成部分。生态系统服务是指生态系统与生态过程所形成及所维持的人类赖以生存的自然环境条件与效用，包括对人类生存及生活质量有贡献的生态系统产品和生态系统功能（肖佳媚，2007）。1997 年，Costanza 等（1997）对全球主要类型的生态系统服务价值进行了评估，在世界范围内引起了巨大反响，并由此拉开了生态系统服务价值研究的序幕。

Costanza 等（1997）将生态系统服务归纳为 17 类 4 个层次，即生态系统的内涵：生态系统的生产（包括生态系统的产品及生物多样性的维持等）、生态系统的基本功能（包括传粉，传播种子，生物防治，土壤形成等）、生态系统的环境效益（包括改良减缓干旱和洪涝灾害，调节气候，净化空气，废物处理等）、生态系统的娱乐价值（休闲、娱乐、文化、艺术素养、生态美学等）。本书参考 Costanza 等（1997）对生态系统服务的分类，并结合福建海岛的特征，将海岛生态系统服务分为 4 种、共 8 项（表5-1）。

表 5-1　福建海岛生态系统服务价值分类

生态系统服务	服务类别	服务形式
供给功能	食品生产	海洋渔业生产
调节功能	气体调节	植物光合作用吸收二氧化碳释放氧气
	废物处理	主要考虑海水自净功能（COD）
	涵养水源	森林涵养水源功能
文化功能	休闲娱乐	旅游等休闲娱乐价值
	科研教育	生态科研教育价值
支持功能	土壤保持	土壤肥力等保持
	生物多样性维持	海域与岛陆生物多样性维持价值

一、供给功能

供给功能是指生态系统生产或提供产品的功能，包括渔业生产与种植业生产提供的产品，以及海洋、陆地初级生产产生的氧气。其中，氧气产生服务归入调节功能中的气体调节功能服务中估算。因此，供给服务功能一般仅估算渔业生产和种植业生产提供的产品。由于海岛基本无种植业（尤其是无居民海岛），即使有也缺乏相关统计数据，所以本书海岛生态系统供给服务功能的计算，仅估算渔业生产服务价值。

渔业资源供给功能服务价值，通过环岛海域初级生产力估算渔业资源量，根据 Tait 模式进行计算，具体公式：

$$P = \mu C \tag{5-1}$$

式中，P——渔业资源产碳量；

$\quad\mu$——三级生物的转化率（0.015）；

$\quad C$——年总有机碳产量（由初级生产力算得）。

据测定鲜鱼类有机碳含量为 13.5%，鲜甲壳类有机碳含量为 9.50%，鲜头足类有机碳含量为 5.51%，按鱼类、甲壳类和头足类在资源总生物量中的比率 0.77：0.17：0.06 进行加权计算，它们的平均含碳率为 12.34%（卢振彬，2000），即 1 吨渔业资源产碳量换算渔业资源量鲜重为 8.1037 吨。

根据年最大可持续产量（MSY）的简单估算模式，估算海岛周边海域的渔业生产量，公式如下：

$$\text{MSY} = 0.5B \tag{5-2}$$

式中，B——渔业资源量。

然后，根据公式：$Y = 0.97\text{MSY}$ 计算年最适捕捞量，再根据鱼类市场价格计算每年生态系统供给服务的价值，公式：

$$V_o = P_f Y \tag{5-3}$$

式中，V_o——供给服务功能的价值；

P_f——鱼类平均市场价格。

二、调节功能

1. 气体调节服务

生态系统对气体的调节作用主要体现为植物光合作用固定大气中的 CO_2，向大气释放 O_2。

光合作用化学方程式：

$$6CO_2(264g)+6H_2O(108g)\xrightarrow{\text{太阳}}C_6H_{12}O_6(180g)+6O_2(192g)\Rightarrow \text{多糖}(162g)$$

植物生产干物质162克，可吸收264克 CO_2，释放192克 O_2。根据 CO_2 分子式和原子量，则吸收 CO_2 量=固定 C 量÷0.2727，释放 O_2 的量=吸收 CO_2 量× $\frac{192}{264}$ =固定 C 量× $\frac{192}{264}$ ÷0.2727=固定 C 量×2.6670。

本书气体调节服务价值评估分为岛陆森林和近海湿地两部分进行。

1）岛陆森林

岛陆森林生态系统气体调节价值分为固定 C 的价值与释放 O_2 的价值两部分进行计算，即

$$V_a = (C_C + 2.6806CO_2)x_c \tag{5-4}$$

式中，V_a——气体调节功能价值；

C_C——固定 C 的价格；

CO_2——释放 O_2 的价格；

x_c——年固定 C 的量（以净初级生产力进行计算）。

岛陆森林生态系统气体调节服务功能价值中，固定 C 的量通过初级生产力（取值见表5-2）进行计算，C_C 取碳税率及造林成本价格的平均值，目前国际上通用的碳税率通常为瑞典的碳税率150美元/吨，美元对人民币汇率为1∶6.78，C_C 取平均值1017元/吨；根据固定 C 量，并应用光合作用的公式进行计算释放 O_2 的量，CO_2 取造林成本价格和工业制氧价格的平

均值，我国造林成本为 359.93 元/吨 O_2，工业制氧价格 400 元/吨，因此，CO_2 取值为 379.97 元/吨。

表 5-2 森林生态系统净初级生产力

年份		净初级生产力/克碳/（米²·年）
福建	1989～1993	650
福建	2004	814.17 *
福建	2004	862.75 **
亚热带森林生态（群落）	1995	805.5
平均值（本书取值）		783.105

资料来源：王绍刚等，2009；冯宗炜等，1999；赵敏，2004
注：* RPCSPA（改进斑块尺度模型）；** BEPS（基于过程的生物地球化学模型）

2）近海湿地

近海湿地生态系统气体调节服务是指环岛浅海水域提供的气体调节，近海湿地生态系统气体调节价值分为固定 CO_2 的价值与释放 O_2 的价值两部分进行计算。

固定 CO_2 价值：根据近海湿地的净初级生产力计算单位面积固定 CO_2 的量，固定 CO_2 的价格取值为 189.37 元/吨（段晓男等，2005）。

释放 O_2 价值：根据单位面积固定 CO_2 的量，通过光合作用公式计算释放 O_2 的量，释放 O_2 的价格取值为 376.47 元/吨（段晓男等，2005）。

2. 废物处理服务

海洋生态系统废物处理服务功能是指人类生产生活产生的废水、废气及固体废弃物等通过地表径流、直接排放或大气沉降等方式进入海洋，经过海洋生态系统的净化过程最终转化为无害物质的功能。由于该过程生态所耗费的成本难以估算，所以通常将这部分服务价值以人类处理污染物的成本来表示。限于资料搜集困难，本书只估算人类产生的污水处理价值。计算公式：

$$C = VP \tag{5-5}$$

式中，C——每年污染物处理成本；

V——年污染物排放量；

P——单位污染物处理价格。

目前，海洋中由于人类活动带来的污染物主要是 COD、氮、磷。污水处理费用按 0.90 元/吨计算的话，COD、氮、磷的处理价格分别为 4300 元/吨、1500 元/吨和 2500 元/吨。

根据《室外排水设计规范》，城镇污水的设计参考标准：生活污水的总氮量可按每人每天 5~11 克计算；总磷量可按每人每天 0.7~1.4 克计算；COD 的排放量根据我国南方城市的平均值每人每天 90 克计算。

3. 森林涵养水源服务

根据 Constanza 等（1997）的研究结果，森林涵养水源的能力分为水调节和水供给两部分，其价值分别为 2 美元/（公顷·年）和 3 美元/（公顷·年），根据美元对人民币汇率 1：6.78，水调节和水供给两部分的价格分别为 13.56 元/（公顷·年）和 20.34 元/（公顷·年）。

三、文化功能

1. 娱乐休闲

本书生态系统娱乐休闲服务价值估算采取成果参照法。参照谢高地等（2008）对我国生态系统各项生态服务价值平均单位的估算结果，我国湿地、农田、森林、草地生态系统单位面积的美学景观功能价值分别为 2106.28 元/（公顷·年）、76.35 元/（公顷·年）、934.13 元/（公顷·年）、390.72 元/（公顷·年）。

2. 科研教育功能

参照陈仲新和张新时（2000）对我国生态效益价值的估算，我国单位面积生态系统的平均科研价值为 382 元/（公顷·年），Costanza 等（1997）对全球湿地生态系统科研文化功能评估的平均值为 861 美元/（公顷·年），因此本书取两者的平均值得到平均价值为 3109.79 元/（公顷·年）[①]，即科研教育功能价值计算公式为

$$Vr = \sum 3109.79 \cdot S_i \qquad (5\text{-}6)$$

式中，Vr——科研教育功能价值；

---

① 美元对人民币汇率 1：6.78。

S_i——海岛岛陆、滩涂和浅海面积。

四、支持功能

本书将海岛生态系统服务支持功能分为保持土壤和维持生物多样性两方面。由于资料有限,本书采取成果参照法估算生物多样性价值,参照谢高地等(2008)对我国生态系统各项生态服务价值平均单价的估算结果,2007年我国湿地、农田、森林、草地生态系统服务价值中保持土壤支持功能的价值,分别为893.71元/(公顷·年)、660.18元/(公顷·年)、1805.38元/(公顷·年)、1005.98元/(公顷·年)。我国湿地、农田、森林、草地生态系统单位面积的生物多样性维持价值分别为1657.18元/(公顷·年)、458.08元/(公顷·年)、2025.44元/(公顷·年)、839.82元/(公顷·年)。

第二节 典型海岛生态系统服务价值计算

海岛食品生产的供给功能是指海岛生态系统生产或提供产品的功能,包括渔业生产与种植业生产提供的产品,由于海岛基本无种植业(尤其是无居民海岛),即使有也缺乏相关统计数据,所以本书海岛生态系统供给服务价值的计算,仅估算渔业生产服务价值。海岛渔业资源供给功能服务价值通过环岛海域初级生产力估算渔业资源量,再计算最适捕捞量,然后根据渔业资源市场价格估算其服务价值。气体调节功能分为海岛森林和湿地两种类型,根据它们的净初级生产力分别计算其固碳和释放氧气价值。废物处理功能根据污染物排放量及污染物处理价格计算其服务价值。森林涵养水源功能分水调节和水供给两部分计算其涵养水源的服务价值。生态系统娱乐休闲服务价值根据湿地、农田、森林、草地等4种不同生态系统单位面积的美学景观功能价值分别计算。科研服务价值根据我国单位面积生态系统的平均科研价值计算。海岛生态系统支持功能分保持土壤和维持生物多样性两方面进行计算。各种服务价值按本章第一节所述的具体方法计算，典型海岛的生态服务价值计算结果详见表5-3和表5-4。

表5-3 典型海岛生态系统服务价值计算结果（单位：万元/年）

生态系统服务	服务类别	六屿	东安岛	岗屿	川石岛	南日岛	大坠岛	小嵛岛	塔屿	西屿
供给功能	食品生产	415.6	2117.3	12.8	301.9	216.9	41.8	19.0	18.7	44.0
	小计	415.6	2117.3	12.8	301.9	216.9	41.8	19.0	18.7	44.0
调节功能	气体调节	20.7	703.4	30.1	3825.3	1181.1	39.6	58.3	115.2	275.9
	废物处理	1.6	3.6	0.0	46.0	441.0	85.0	42.7	1.2	1.5
	涵养水源	0.0	1.5	0.01	0.7	735.0	0.4	0.0	0.2	0.4
	小计	22.3	708.5	30.1	3872.0	2357.1	125.0	101.0	116.6	277.8
文化功能	休闲娱乐	1.2	43.0	0.5	19.8	2.5	0.1	179.1	4.5	330.2
	科研教育	75.4	558.0	43.0	4674.3	864.8	355.0	292.9	49.9	523.3
	小计	76.6	601.1	43.5	4694.1	867.3	355.1	471.9	54.4	853.5
支持功能	土壤保持	2.6	83.8	1.0	38.2	2485.5	537.9	142.7	25.3	274.9
	生物多样性维持	5.5	929.5	1.0	42.3	776.2	284.3	31.4	13.2	25.4
	小计	8.1	1013.3	2.0	80.5	3261.7	822.2	174.1	38.5	300.3
合计		522.6	4440.3	88.4	8948.5	6703.0	1344.1	766.0	228.1	1475.6

表5-4 福建典型海岛生态系统服务价值统计表

岛屿	陆域面积/千米²	水域面积/千米²	评价面积/千米²	单位面积年服务价值/（万元/年）	总服务价值/（万元/年）
岗屿	0.08	1.02	1.1	80.1	88.4
塔屿	0.66	0.93	1.59	143.3	228.1
六屿	0.21	2.22	2.42	215.5	522.6
小嵛岛	0.97	8.44	9.41	81.4	766.0
西屿	1.18	15.16	16.33	90.3	1475.6
大坠岛	0.61	16.69	17.3	77.7	1344.1
东安岛	6.66	11.29	17.95	247.4	4440.3
南日岛	42.16	33.77	75.93	88.3	6703.0
川石岛	2.84	77.76	80.6	111	8948.5

福建典型海岛年生态系统服务价值最高的川石岛为8948.5万元，最低的岗

屿为 88. 4 万元。各典型海岛单位面积的年服务价值在 77. 7 万元/千米^2 ~ 247. 4 万元/千米^2，最高的是东安岛，最低的是大坠岛，各海岛单位面积的年服务价值的平均值为 126. 1 万元/千米^2。

第三节　典型海岛生态系统服务价值评价

本书选取的福建典型海岛评价面积（包括岛陆和周围海域）差异显著，评价面积较大的海岛其生态系统服务价值普遍较高，川石岛、南日岛的评价面积最大，其生态系统服务价值分别处于前两位。海岛评价面积的大小除了与其岛陆本身有关外，更重要的是其海域部分，典型海岛中除南日岛外，其他海岛的评价水域面积均超过其岛陆面积。川石岛和大坠岛的评价水域面积更是其岛陆面积的 27 倍，基本上其海域生态系统服务价值决定了整个海岛的生态系统服务价值。因此，海岛生态系统服务价值与其周围海域地形密切相关，周围海域地形较为平坦的海岛其涵盖的海域面积往往较大，生态系统服务价值随之增加。

本书生态系统服务价值的评价结果主要反映了海岛及其海域面积带来的差异，不同景观类型生态系统服务价值的差异在一定程度上被稀释。但是，不同景观生态系统服务价值单价仍在一定程度上反映了海岛生态系统各种服务的贡献程度。海岛上具有高生态系统服务价值单价的类型主要有近海湿地和森林生态系统两种。近海湿地的服务价值包括了食品生产、气体调节、废物处理、娱乐休闲、科研教育、土壤保持和维持生物多样性等多种功能价值，这些功能服务价值主要取决于近海湿地的面积，但食品生产和气体调节的服务价值还与该海域初级生产力大小密切相关。在典型海岛的案例研究中，东安岛和大坠岛的评价面积相差无几，但两个海岛的生态系统服务价值相差 2 ~ 3 倍，这主要是东安岛食品生产和气体调节的服务价值远大于大坠岛，即东安岛海域的初级生产力远大于大坠岛海域所致，可见海岛周围海域的初级生产力是关乎一个海岛生态系统服务总价值的一个重要因素。海岛森林生态系统也具有多种功能价值，包括气体调节、森林涵养水源、娱乐休闲、科研教育、土壤保持和维持生物多样性等，具有很高的服务价值单价。东安岛和六屿的单位面积年生态系统服务价值较高，一方面是由于近海湿地有较高的初级生产力，另一方面也与其森林覆盖率高有关。

从具体海岛来看（图 5-1），六屿生态系统服务价值主要来源于供给功能，这主要得益于六屿位于近岸河口海域，营养盐丰富，周围海域具有较高的初级生产力；东安岛与六屿均处三沙湾海域，其周围海域同样具有较高的初级生产力，供给功能价值同样是东安岛生态系统服务价值最主要的组成部分；因此，从生态系统服务价值的角度而言，东安岛和六屿的生态系统管理重点应是其近海生态系统。岗屿、川石岛、小嶝岛和西屿的生态系统服务价值主要来自于文化功能服务价值，南日岛和大坠岛的生态系统服务价值主要来自于支持功能服务价值，塔屿的生态系统服务价值主要来自于调节功能服务价值。

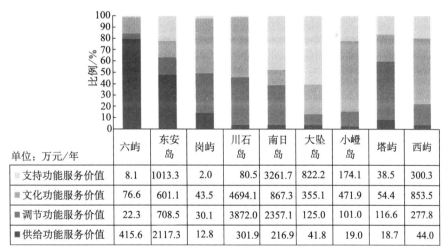

单位：万元/年	六屿	东安岛	岗屿	川石岛	南日岛	大坠岛	小嶝岛	塔屿	西屿
支持功能服务价值	8.1	1013.3	2.0	80.5	3261.7	822.2	174.1	38.5	300.3
文化功能服务价值	76.6	601.1	43.5	4694.1	867.3	355.1	471.9	54.4	853.5
调节功能服务价值	22.3	708.5	30.1	3872.0	2357.1	125.0	101.0	116.6	277.8
供给功能服务价值	415.6	2117.3	12.8	301.9	216.9	41.8	19.0	18.7	44.0

图 5-1 典型海岛生态系统服务价值评估

从评价结果可见，每个海岛的四大生态系统服务功能的组成比例或结构并无规律可循，在今后的海岛生态系统管理中应坚持具体海岛具体分析，对每个海岛中高生态系统服务价值的生态类型进行合理利用，而对低生态系统服务价值的生态类型给予保护和改善。

第六章

评价结论

第一，福建典型海岛生态系统状态综合得分为 0.69，对应的生态等级为良。这一评价结果基本反映了福建海岛总体的生态系统状态，表明区域内海岛的生态系统状况较好，其区域环境质量较好，只受到轻微污染；生物多样性较高，特有物种或关键物种保有较好，生物类群结构种类虽受到一定干扰，但在生态系统承受能力范围内，生态系统较稳定，生态功能较完善；自然性较高，异质性较低，景观破碎化较小。

第二，以六屿为代表的海岛其生态系统状态等级为一般。这类海岛岛陆面积小，岛上开发适宜性差，仅有少量的开发利用活动，岛陆生态系统相对稳定，但其距离社会经济相对发达的大陆近，水动力条件较差，受大陆和近海的人类活动影响明显，潮间带和近海海域生态系统状态相对较差。这类海岛生态系统状态一般，管理上应从区域（大陆-海岛）的角度，对岛陆周围海域的生态系统进行重点管理。

第三，以小嶝岛为代表的海岛其生态系统状态等级为一般。这类海岛面向开阔海域，海域生态系统相对稳定，但岛陆面积较小，人口密度高，住宅用地高度集中，人工景观占据绝对优势，岛陆生态系统非常脆弱。这类海岛管理的重点在于对岛陆生态系统进行整治和改造，提高植被覆盖率，尤其是在集中区域进行植树造林，增加高生态服务价值的森林面积，提高海岛自然性。

第四，以东安岛和川石岛为代表的海岛其生态系统状态等级为良。这类海岛较一般无居民海岛的面积大，具有较好的生态承载力，开发强度适中。因此，具有较大岛陆面积的海岛适宜一定程度的开发利用，只要遵循海岛生态系统规律，了解这一海岛生态系统的优势和弱势，进行合理规划和布局，就不会对海岛生态系统产生明显不利的影响。

第五，以南日岛为代表的海岛其生态系统状态等级为良。它们面向开阔的、水动力条件好的海域，岛陆面积大，人类开发利用活动强度高。这类海岛具有较强的生态承载力和抗干扰力，适宜进行一定程度的开发利用，但应以生态系统管理为中心进行开发利用规划，引导人类居住和开发利用活动区域集中布局，保护和整治自然景观斑块，以提高海岛的自然性，降低景观斑块破碎化程度。

第六，以岗屿、大坠岛、塔屿和西屿为代表的无居民海岛生态系统的生态等级为优至良，无居民海岛受人类活动干扰和破坏程度相对较低，植被覆盖率较高，所处海域水动力条件佳，沉积物环境质量和海水环境质量较好，景观自然性较高，破碎化程度较低，生态系统较为稳定。但无居民海岛岛陆面积小，岛陆生态系统较为脆弱，生态承载力较差，从维持或保护无居民海岛本身生态系统的角度而言，保护为先，不适宜大规模的开发利用。

第七，海岛潮间带底质类型、台风灾害、无机氮和潮间带底栖生物多样性等4个指标是福建典型海岛生态系统的脆弱性指标，它们的变动将会对海岛生态系统产生关键影响。潮间带底质类型在海岛生态系统演化进程的短期内不会发生明显变化；而台风灾害将会严重威胁海岛生态系统的稳定性，但就某一海岛而言，台风灾害的影响并不具有普遍性的规律；福建海区无机氮含量预计将进一步增加，影响海岛生态系统的演化进程；海岛潮间带底栖生物资源趋向单一化，是福建海岛生态系统管理中应重点关注的问题之一。

第八，福建典型海岛生态系统单位面积的年服务价值平均为 126.1 万元/千米^2。环岛近海湿地和岛陆森林是海岛上具有高生态系统服务价值的两种生态景观类型。海岛各项生态系统服务功能的组成无规律可循，在海岛生态系统管理中应坚持具体海岛具体分析。

参 考 文 献

陈仲新，张新时．2000．中国生态系统效益的价值．科学通报，45（1）：17-22.

段晓男，王效科，欧阳志云．2005．乌梁素海湿地生态系统服务功能及价值评估．资源科学，
　　27（2）：110-115.

冯宗炜，王效科，吴刚．1999．中国森林生态系统的生物量和生产力．北京：科学出版社.

高波．2007．基于 DPSIR 的陕西水资源可持续利用评价研究．西北工业大学硕士学位论文.

郭显光．1998．改进的熵值法及其在经济效益评价中的应用．系统工程理论与实践，12：
　　98-102.

黄民生．2002．福建海岛脆弱环境特征与可持续发展对策．海南师范学院学报（自然科学
　　版），15（3）：9-11.

黄民生，廖善刚，骆培聪．2005．福建海岛地区自然灾害特征与综合防御对策．忻州师范学
　　院学报，21（1）：86-88.

金菊良，吴开亚，李如忠，等．2007．信息熵与改进模糊层次分析法耦合的区域水安全评价
　　模型．水力发电学报，26（6）：61-66.

孔繁祥．2003．环境生物学．北京：高等教育出版社.

齐涛．2007．海岸带生态安全评价模式研究与案例分析．厦门大学博士学位论文.

刘容子，齐连明．2006．我国无居民海岛价值体系研究．北京：海洋出版社.

卢振彬．2000．厦门海域渔业资源评估．热带海洋，19（2）：51-56.

彭本荣，洪华生．2006．海岸带生态系统服务价值评估理论与应用研究．北京：海洋出版社.

施华宏，黄长江．2001．有机锡污染与海产腹足类性畸变．生态学报，21（10）:1712-1717.

王绍刚，何国金，刘定生，等．2009．森林生态系统初级生产力模拟研究．科技导报，27
　　（4）：58-64.

肖佳媚．2007．基于 PSR 模型的南麂岛生态系统评价研究．厦门大学硕士学位论文.

谢高地，甄霖，鲁春霞，等．2008．生态系统服务的供给、消费和价值化．资源科学，
　　30（1）：93-99.

张先起，刘慧卿 . 2006. 基于熵权的灰色关联模型在水环境质量评价中的应用 . 水资源研究，27（3）：17-19.

张壮丽，叶孙忠，叶泉土 . 2006. 福建海区浮游植物种类组成及数量分布特点 . 南方水产：6：45-50.

赵敏 . 2004. 中国主要森林生态系统碳储量和碳收支评估 . 中国科学院植物研究所博士学位论文 .

朱庆林，郭佩芳 . 2005. 港口资源定量评价理论及应用 . 大连海事大学学报，31（4）：44-48.

Costanza R，Agre R，Groot R，et al. 1997. The value of the world's ecosystem and natural capital. Nature，387：253-260.